U0206457

本书获中央财政资金资助教师专业素养提升项目的资助

生存方式与乡村环境问题

——对山东L村环境问题成因及治理的个案研究

吴桂英　著

中国社会科学出版社

图书在版编目（CIP）数据

生存方式与乡村环境问题：对山东L村环境问题成因及治理的个案研究/吴桂英著．—北京：中国社会科学出版社，2017.4
ISBN 978－7－5161－9595－6

Ⅰ.①生…　Ⅱ.①吴…　Ⅲ.①农业环境污染—污染防治—研究—山东
Ⅳ.①X71

中国版本图书馆CIP数据核字（2016）第321653号

出 版 人　赵剑英
责任编辑　郭晓鸿
特约编辑　席建海
责任校对　韩海超
责任印制　戴　宽

出　　版　中国社会科学出版社
社　　址　北京鼓楼西大街甲158号
邮　　编　100720
网　　址　http://www.csspw.cn
发 行 部　010－84083685
门 市 部　010－84029450
经　　销　新华书店及其他书店

印刷装订　北京君升印刷有限公司
版　　次　2017年4月第1版
印　　次　2017年4月第1次印刷

开　　本　710×1000　1/16
印　　张　15.25
插　　页　2
字　　数　203千字
定　　价　66.00元

凡购买中国社会科学出版社图书，如有质量问题请与本社营销中心联系调换
电话：010－84083683

序

吴桂英博士《生存方式与乡村环境问题》一书即将出版，我作为其博士研究生阶段的导师，很为她高兴，也感到十分欣慰。2010年，当这个来自山东的姑娘以笔试第一名，综合成绩第二名的成绩考取我的博士研究生时，其优异表现令我吃惊。据我了解，吴桂英博士出生于一个普通的农村家庭。她高考失利后，毅然通过自考考上本科，这期间做过几年乡村教师，也在乡政府工作过。她为提升自己，继而读研，而后在电子通信服务业、教育培训业、文娱业从事文案、咨询和管理等工作。2009年9月当她站到我面前说想要读博时，我对她的专业基础是有些担忧的，她却交给我一份满意的答卷。在以后的交往中，我逐渐发现，这个朴实的姑娘有着坚毅的性格，对每件事都认认真真地处理，对遇到的困难总是坚持不懈地去克服。2010年我赴哈佛大学访学一年。在这期间，我与我的学生们只能以电子邮件互通信息。在我记忆中，吴桂英博士一直是与我通信最为积极的一个。每每遇到问题，她总会及时与我联系探讨。交给她的任务，她也能及时并保质保量地完成。我想，她的成功不能用幸运这个词来解释，这与她坚持不懈的努力是分不开的。

《生存方式与乡村环境问题》一书的研究基于对山东省一个小村落的田野调查展开，这个村落有着悠久的肠衣加工历史。这里的加工业完全是家庭作坊式的，其工艺简单，不需要先进的技术，也很难形成机械化生产。然而，在简单的手工加工过程中，为了防止原材料（羊小肠）腐烂变质，甚至为了使略有变质的肠衣卖相更好，加工户要使用大量的工业盐、火碱等化工材料。制作冲洗肠衣所产生的大量废水被直接排入灌溉渠中，造成当地的地下水污染和空气污染，并由此引发矛盾和冲突。在本书的案例中生产者与生活者、致害者与受害者之间的关系错综重叠，使污染治理的难度变得更大，用已有的理论无法对这一复杂现象进行完满的解释。基于对田野调查材料的充分考量，经过我与吴桂英博士的多次反复讨论，最终决定运用生存者（包括生产者与生活者）、生存方式（包括生产方式与生活方式）、生存者的致害者化、生存环境主义等一系列的概念和理论来解释本书所涉及的特殊现象与问题。通观全篇，我觉得本书的研究主要有以下几个方面的特点。

首先，理论上的创新尝试。本书在介绍了生活者的致害者化和生活环境主义这两个日本环境社会学理论之后，基于案例材料，提出了生存者的致害者化和生存环境主义这两个理论视角。虽然只是一字之差，但这一字的改变却有很深的理论反思。本书就如何使这两个理论本土化并与中国的实际国情结合起来，是下了很大功夫的。将国外的理论与中国的国情结合起来，才能更好地解释本土经验。在这一点上，本书作者做了很好的尝试。

其次，本书特别强调本土经验和生存智慧。在田野调查中，作者发现在实际治理污染的过程中，怎样让当地的居民参与进来是环境治理能否取得成效的一个关键因素。在长期的生活实践中，人们会形成一定的地方知识和本土经验，他们有一些不用花很多钱就可以治理好本地环境的经验，并且本地的居民更关心如何少花钱或者不花钱而把本地的污染治理好，因此在环境治理的过程中，调动当地居民的参与积极性和发挥本土经验十分重要。

再次，本书从人类学、民族学的角度，由一个个案、三个事件来展现地方环境污染及其治理过程，并对在此过程中形成的错综复杂的关系以及地方环境污染治理的难题进行了分析和讨论。与一些学者讨论环境污染治理时强调“强社会，弱国家”不同，本书作者更强调在二元结构体制下，在涉及环境污染治理这一公共议题时国家参与的必要性与重要性。

吴桂英博士有着丰富的农村生活体验和社会阅历，这使得她可以近距离甚至是零距离地感受农村问题的方方面面，同时其丰富的工作经历，尤其是在乡政府工作的经历，使得她可以从多个角度和层面对农村问题进行思考。此外，她扎实的社会学专业基础，使得她可以站在理论的高度对问题进行剖析，从而实现理论与实践的结合。她对知识的渴望、对学术的不懈追求，以及她坚毅的品格使得我相信她定会在以后的治学之路上越走越好。值此吴桂英博士的第一部专著即将付梓之际，我祝愿她以此书作为起点，在学术事业上有更大的发展。

包智明

2016 年 10 月 12 日

前　言

本研究以山东省L村为研究个案，围绕这一个案，对该地20世纪90年代之前和90年代以后村民的生存方式对环境的深刻影响进行了细致的描述、对比与分析，对围绕L村环境污染引发的环境维权和环境治理模式进行了深入的探讨。在经验层面对如下两个问题给予了回答，即乡村社会的环境在不同的历史时期呈现出怎样的特点，这些特点与人们的生产、生活方式具有怎样的逻辑关联；在现有的生存方式和乡村社会关系形态下，环境污染的治理面临哪些结构性与制度性困境，熟人伦理与乡村社会秩序又是如何作用并加强了环境污染的形成机制与环境治理的破坏机制的。

本研究试图通过环境与社会、环境与经济、环境与制度之间的互动逻辑展开问题的分析，从人类的生存方式与环境的关联性视角对上述问题进行探究并得出如下结论：与传统社会中村民的生存方式相比，现在村民的生存方式更具环境破坏性。村民既是生产者，又是生活者，而无论是作为生产者还是作为生活者，村民的行为都在污染着周围的环境，也就是说村民作为生存者正在日益“致害者化”。而由村民的现有生存方式决定的乡村社会关系形态也从侧面进一步加强了人们的行为对于环境的负面影响，这种负面影响突出地表现在环境治理的过程之中。我们看到同为致害者和受害者的村民，对于环境治理有着一种矛盾的情感，他们本身并不排斥污染治理，但又迫于生存的压力而不得不使自己受害。

乡村环境问题的形成是由不合理的生存方式造成的，而造成这种不合理生存方式的根源在于不协调、不合理的政治经济体制与城乡二元社会结构形态。市场经济体制的发展，使得生产按照资本的逻辑加速运转，在这种体制中，利润始终是人们不懈追求的目标。处于市场竞争中的经济行动主体有足够的动力将自己的生产成本外部化，只要外部化生产成本的代价小于由他的行动选择而产生的环境成本和社会成本。资本的逐利本质使得生产系统的问题域只限于如何最大限度地攫取现有环境资源并从中渔利，而对于环境系统由此会产生怎样的问题和社会为此会付出怎样的代价则毫不顾及。外部成本内部化是解决这一问题的一条路径选择，但在很多情况下，环境的公共物品性质又使得市场调节机制面临失灵。这时就要求政府在环境保护的责任上应有足够的担当，利用法律和政策手段规制市场行为，堵住成本外部化的输出通道，从而在经济与环境之间建立良好的互动，形成有序的运转。然而，现实中政府却往往担当着推动经济高速发展的角色，社会角色的错位致使它有意无意地将一只脚牢牢地踏到了“苦役踏车”的脚踏板上，与市场主体合力构成“苦役踏车”的左右两翼，共同促动其顺利前行。社会在市场与政府的合力下往往显得无能为力，同时也会出于对自我利益的追求和对日益增长的消费欲望的满足，而屈从于前行的踏车。我国特有的城乡二元结构体制使得政府将经济发展与环境治理的重心均置于城市社会之中，环境治理的政策法规均以城市社会和工业污染为依归，从而使得乡村环境污染的治理面临无法可依的困境。处在快速转型期的中国乡村社会，正在被资本运转的逻辑日益解构，由村民群体结构而成的乡村社会单元也因村民的渐进式流出而开始式微。

研究认为乡村环境问题是经济、制度和社会互动不良造成的结果，破解之道就是建立市场与政府的双向调节机制，将外部成本内部化，在政府的政策规制下实行污染者付费制，同时加大对于农村环境治理的投资力度，转变现有的城乡二元结构体制，并试图重建乡村社会秩序。而所有这些治理策略都离不开村民的参与，只有调动起村民的积极性，并充分尊重和挖掘村民的智慧，环境治理问题才能找到可行的路径。

此外，本研究还尝试拓展运用了“生活者的致害者化”和“生活环境主义”两个理论。研究发现，在中国本土，特别是在本研究所涉及的案例中，与日本本土的情形有较大的不同，这两个理论不能很好地解释案例中的现实情况，因此，笔者将其拓展为“生存者的致害者化”和“生存环境主义”，以期能够符合我国的本土实践。

目　　录

第1章　导论

1.1　研究的缘起与意义

1.1.1　问题的提出

作为一名攻读环境社会学方向的博士研究生，对于发生在周边的环境问题以及与环境污染有关的事件必然有一种专业的敏感度。2010年暑期，笔者回老家探亲，顺便走访了中学时代的一位同窗好友的家乡，这位同学所生活的L村是当地比较有名的富裕村，原因在于与周边的村落不同，L村村民多年来一直从事肠衣加工业，20世纪90年代以来该产业逐渐发展为L村的主导产业，为L村村民带来了较丰厚的物质回报。说该村在当地有名，与其说是因为该村“富”，不如说是因为该村“臭”，其“臭”名在当地十里八村可以说是家喻户晓。因在L村南边的邻村住着笔者的亲戚，所以以前串亲时经常要路过此村，对于此村的“臭”笔者是深有体会，经过之时无不掩鼻屏息。此次去拜访好友前我也心生怯意，但令我惊讶的是进到村子后才发现以往记忆中的恶臭似乎消失了，仔细嗅来才感觉到有“臭”味的踪迹。

同学一家就从事肠衣加工业，属于村里的中等加工户。拜访她时她正好“停业休假”。据她说是乡政府和环保局来人要求他们停产整顿，原因是邻村村民一大群人闹到市里，要求解决河水及地下水污染问题。好友很诡秘地对我笑了一下说：“其实表面上是大家不干了，实际上有很多家关起门来依然在生产。”好友的一番话引起了我的兴趣，在这样一个普通的乡村村落，却产生了一个与全国甚至全球相同的话题，即环境污染问题。

1962 年，美国海洋生物学家蕾切尔·卡逊发表了《寂静的春天》一文，文章描绘了使用 DDT 等农药对某些生物和人体所造成的严重危害，使人们认识到人类生产对于环境的深刻影响。此文引起了学术界对于人类与环境之间关系的激烈讨论和深刻反思，继而拉开了环境保护运动的序幕。事实上，早在 20 世纪三四十年代，由于工业化的快速发展，日本就出现了严重的环境公害问题，其中有被列为“世界八大公害”的新潟水俣病、富山骨痛病、四日市哮喘病和爱知县的米糠油事件，等等。如今，臭氧层空洞问题、气候温暖化问题等全球性的环境问题更是引起了国际上的广泛关注和争论。

环境的恶化与技术的应用以及工业化进程的加快有着密切的关联。原始社会时期，人们已经开始使用简单的工具，但由于对自然界缺乏足够的认识，人类还处于蒙昧状态，还没有能力改造自然，对于自然界人们更多的是一种敬畏之情。这一时期，可以说人类更像是自然界的一部分，刚刚从自然界独立出来的人类与自然是一种和谐相处的关系。进入农业社会以后，人类在科学和技术水平方面已经有了显著的进步，人们对自然界的规律有了一些了解，并学会利用自然资源为人类的生存与发展服务。农业文明的到来代表着人类向大自然的宣战，试图改造和征服自然的人类活动逐渐增加。随着人们生产技术的提高和先进生产工具的发明创造，人类逐渐向自然拓殖，通过不断开垦土地用于农耕，人类能够从自然界中获取的物质财富不断增加，从而得以养活更多的人口，人类的足迹在全球逐渐蔓延开来。此段时期，人类的生产更多的是满足于人的生存需求，对于环境的影响还在可控的范围之内，而且人类所生产的垃圾和废物大都可以被循环利用，或被大自然降解掉，对环境的污染程度不是很大，基本能够与自然和平相处。到了近现代，人类相继进入工业社会和后工业社会，人们逐渐掌握了自然界的规律，开始利用先进的发明创造来改造并征服自然。然而，征服自然的过程也是破坏环境的过程，技术的进步以及人口的膨胀都加剧了人类对于自然资源的利用与掠夺，环境问题随之凸显。工业化进程加速的时刻，也是工业污染加剧的时刻。生产中的废气、废水和废渣污染了天空、河流和土地，各种工业污染引发的疾病严重影响着人类的健康，人类的生存环境不断恶化。正如蕾切尔·卡逊所说："不是魔法，也不是敌人的活动使这个受损害的世界的生命无法复生，而是人们自己使自己受害。"[①] 人的生存方式随着社会的进步以及生产力水平的提高不断地变化着，但无论如何变化，人的生存方式始终都不能脱离自然这一现实环境。人类进步的历史，实际上就是人类向自然不断索取的历史，是改造并不断征服自然的历史。生存方式的变迁，也必将意味着人类对自然拓殖的不断深入和深化。

作为一个有五千多年历史的文明古国，我国也渐次走过了原始社会时期、农业社会时期，并正在向工业社会和后工业社会迈进。总的来看，我国是一个农业大国，农村人口占全国总人口的一半以上。但是，改革开放以来，随着工业化步伐的进一步加快，我国工业总产值在国民经济总产值中的比例进一步增强，并逐步跃升到首位。我国正

① ［美］蕾切尔·卡逊：《寂静的春天》，吕瑞兰、李长生译，吉林人民出版社1997年版，第2页。

在经历由传统农业社会向现代工业社会的转型，这意味着中国要经历一个急剧的现代化和城市化过程。都市生活有其独特的生活样式，其典型特征就是都市是由大量生产、大量消费、大量废弃的体系所支撑的社会空间组成。都市这种特有的社会生活样式必然带来严重的环境问题，如交通堵塞问题、汽车尾气污染问题、水污染问题、垃圾堆放问题以及城市“热岛”现象，等等。在中国这样一个农业大国，要想实现现代化与城市化，就必须对农村进行大刀阔斧的改革，新农村建设便是在这方面的尝试。进入 21 世纪，随着新农村建设的推进，我国广大农村地区的经济状况有了明显改善，农民的生活水平也获得了相应的提高。人们不再满足于日出而作、日落而息的传统农业生活。农业生产已经由人力、畜力劳动转变为机械化、现代化的作业方式。同时，随着人们消费能力的提高，以前只有城市人才能享受的现代化家用电器也已在农村普及开来，大量生产、大量消费、大量废弃的生活样式在当前的农村社会也已经初见端倪。概言之，伴随着经济的发展，农村的环境问题也如影随形。

一直以来，农村环境污染以生活污染和面源污染[①]为主，具有较强的分散性，但由于工业产业由东部沿海向西部内陆、由城市向农村的逐步转移，实际上农村因其廉价的土地和劳动力资源加上环境保护的准入门槛较低，吸引了大批的高污染、高能耗企业向农村地区转移，农村环境问题已经不仅仅表现为面源污染，其点源污染[②]的强度和广度也在呈现加速发展的趋势。然而在工业向农村的推进给一些农民带来部分利益的同时，也使广大农民背上了沉重的污染包袱，从而

① 农村面源污染，是指在农业生产活动中，农田中的泥沙、营养盐、农药及其他污染物，在降水或灌溉过程中，通过农田地表径流、壤中流、农田排水和地下渗漏，进入水体而形成的面源污染，农村面源污染还来自于农民的日常生活垃圾排放。

② 农村点源污染，是指有固定排放点的污染源，指乡镇企业和个体加工业等的废水污水，由排放口集中汇入江河湖泊。

加剧了社会矛盾。

那么在由传统向现代的转型过程中，农村社会发生了怎样的变化？其表现形式如何？人们的生产、生活方式与社会关系网络在此转型过程中又发生了怎样的变迁？生存方式的变迁对环境产生了怎样的影响？又与环境状况有怎样的关联？在日趋严重的环境污染面前，广大农民的反应如何？他们是否能够意识到自身身处污染之中？是否能够认识到污染对自己的伤害程度？这种污染受害意识在不同的群体中是否会存在明显的差异，其原因又是什么？人们又是采取何种方式来规避环境带来的危害？农民和政府在环境的治理过程中分别扮演着怎样的角色？农村日益加剧的环境问题究竟是如何形成的？谁应该为环境污染负责？解答这些问题是建设资源节约型和环境友好型社会所不能回避的，也是我国建设生态社会的必然选择。

1.1.2 研究意义

1.1.2.1 理论意义

环境社会学的研究首先兴起于欧美等发达国家，经过几十年的发展已经形成了较为成熟的理论体系，如美国环境社会学家邓拉普和卡顿提出的新生态范式、以史奈伯格为主要代表人物的马克思主义政治经济学范式以及汉尼根的建构主义范式在西方都有着广泛的影响。日本的环境社会学研究有其独立的发展脉络，根据不同时期环境问题的种类和表现形式不同，日本学者在研究环境问题时采用不同的视角，由此发展出不同的理论。在公害开发问题时期，日本学者发展了受益圈/受害圈理论、受害结构论和生活环境主义；在环境问题的普遍化时期，又发展建立了社会两难论、公害输出论和环境控制系统论。[①]这些理论给我国环境问题的研究提供了理论上的支撑和分析理路。

然而，我国的环境社会学起步较晚，到目前为止环境社会学的研究还处于起步阶段，学术界还处在学习和借鉴西方理论并应用本国的现实经验来验证国外理论的阶段，还没有形成较强的理论自觉。

笔者认为，由于文化、社会制度、发展背景及发展阶段的不同，各国的环境问题在有共性的情况下都必然存在自身的个性，因此，就会出现国外的理论不能较好地分析和阐释我国的环境问题的情况。所以不能盲目套用国外的现成理论，而应寻求本土理论的发展，建构本土理论来分析和指导本国环境社会学的实践，真正做到环境社会学学者的理论自觉。有鉴于此，笔者试图通过对当前农村环境问题的实地考察，从历史的脉络中把握农村环境问题的特点及形成机制，探究人类不同类型的生存方式与环境问题之间的关系。本研究旨在丰富我国农村环境问题的田野资料，并在借鉴前人理论及分析视角的基础上尝试发展理解和阐释当地问题的独特视域，以期为环境社会学理论的本土化略尽绵薄之力。

1.1.2.2 现实意义

环境问题是当今社会的热点问题。2005 年 10 月 11 日，中共十六届五中全会通过的《中共中央关于制定国民经济和社会发展第十一个五年规划的建议》指出："要把节约资源作为基本国策，发展循环经济，保护生态环境，加快建设资源节约型、环境友好型社会，促进经济发展与人口、资源、环境相协调。"2006 年 3 月，十届全国人大四次会议审议通过的"十一五"规划纲要首次以国家规划的形式，将建

---

① 包智明：《环境问题研究的社会学理论——日本学者的研究》，《学海》2010 年第 2 期。

设“资源节约型、环境友好型社会”确定为我国国民经济和社会发展中长期规划的一项重要内容和战略目标。2012年，在中共十八大报告中，胡锦涛总书记提出大力推进生态文明建设。胡锦涛说，建设生态文明，是关系人民福祉、关乎民族未来的长远大计。面对资源约束趋紧、环境污染严重、生态系统退化的严峻形势，必须树立尊重自然、顺应自然、保护自然的生态文明理念，把生态文明建设放在突出地位，融入经济建设、政治建设、文化建设、社会建设各方面和全过程，努力建设美丽中国，实现中华民族永续发展。党的十八大报告创造性地提出“五位一体”，即经济建设、政治建设、文化建设、社会建设、生态文明建设共同发展。在党的十七大“四位一体”的基础上，提出生态文明建设，说明中央对于建设生态社会的高度重视，以及对于当前国内及全球资源环境问题的准确把握。2016年3月5日，《国民经济和社会发展第十三个五年规划纲要（草案）》正式出炉，与前几个五年规划以降低污染物排放量为主要目标不同，“十三五”规划纲要首次提出了生态环境质量总体改善的目标。规划纲要草案还提出，以提高环境质量为核心，以解决生态环境领域突出问题为重点，加大生态环境保护力度，提高资源利用效率，为人民提供更多优质生态产品，协同推进人民富裕、国家富强、中国美丽。规划纲要草案提出，要加大环境综合治理力度，创新环境治理理念和方式，实行最严格的环境保护制度，强化排污者主体责任，形成政府、企业、公众共治的环境治理体系，实现环境质量总体改善。深入实施污染防治行动计划，大力推进污染物达标排放和总量减排，严密防控环境风险，加强环境基础设施建设，改革环境治理基础制度。作为一项基本国策，我国政府已经相继投入了大量的人力、物力和财力来实现建设“资源节约型、环境友好型社会”这一战略目标，多年来也取得了一些可喜的成果。但综合近几年来国家环境保护部发布的全国环境状况公报，当前我国大多数城市和地区的环境污染程度仍然处于相当高的水平，虽然部分城市的环境污染得到了遏制，但整体不容乐观。

与城市相比，广大农村地区的环境状况更是堪忧。处在转型加速期的中国农村社会，承受着环境污染的多重压力，城市污染下乡、高污染企业向农村相继转移、农业现代化过程带来的农村面源污染问题，所有这些都给农村环境带来日益沉重的负担。近年来，由于环境污染和生态破坏所引发的人与人之间或者不同群体之间的紧张关系和冲突也在不断加剧，不仅影响了经济社会的发展，更严重威胁到社会的稳定。作为环境社会学学者，我们应该积极地投入到环境问题的研究中去。因此，本研究通过分析一个乡村社区由传统农业社会向现代乡村社会过渡的过程中，人们生产与生活方式的变迁对于周围环境的影响，以及污染出现后利益相关群体的感受与行动策略，来展示当前农村社会中环境问题的社会成因，并进一步分析乡村社会关系对于环境治理的影响，从而为政府改革和完善现有的政治经济体制与环境治理政策提供现实的参考。

1.2 相关文献述评

1.2.1 生存方式与环境问题相关性研究

在对乡村环境问题开展研究探讨的过程中，学者们逐渐意识到农村居民的生产、生活方式等生存方式与环境问题的关联性，由此开展了一系列的相关探讨。

赫晓霞、栾胜基等人通过对辽宁省凤城市一个普通农户的实地调查发现，乡村传统生存方式有对于环境友好的一面，但随着社会经济的发展和外部物质、要素的介入，农户经济形式也在发生转变。传统生存方式与现代农户经济形式的脱节则带来了乡村环境问题。[①] 乐小芳认为当前我国农村生产方式呈现以下特征："农民群体兼业化和跨区域转移；传统农业生产方式与现代的农业生产要素相结合；土地细分和农业生产的内向型的规模扩大并存；乡镇企业的快速发展以及与农业趋向分离。"[②] 她认为这些特征是造成农村环境污染和破坏的原因。在另一篇文章中，乐小芳通过对江苏张家港市农村、吉林省吉林市农村、湖北浠水县农村进行的农村环境调查发现，近年来，我国农村居民生活方式发生了不利于农村环境的变化。主要表现在：能源消费结构发生变化，由利用生物能向燃煤过渡，农村大气质量面临严重的威胁；生活污染物排放量大，排放方式简单；农村居民生活水平的提高和传统生活方式的延续，导致能源消耗和相应的废弃物增加；农村居民对"环保"理解的偏颇，导致不合理的环境行为；农村婚姻家庭生活方式发生变化，弱化了农村环境保护的激励机制。[③] 陈华东以港村为例，探讨了生产、生活方式的变化及市场化给港村环境带来的负面影响。他以20世纪90年代为分界线，对90年代前后港村人的生产、生活方式进行了对比分析，指出90年代前村民的传统生活方式和生产方式具有环境友好和可持续的一面，同时也存在局限；而当前村民的生产、生活方式受经济、科技发展的影响带来了一系列的环境问题。另外，港村的市场化存在着外部不经济性，市场还通过劳动

---

① 赫晓霞、栾胜基、艾东：《传统生存方式变迁对农村环境的影响》，《生态环境》2006年第6期。

② 乐小芳：《我国农村生产方式的特征及其对农村环境影响的分析》，《内蒙古环境科学》2009年第1期。

③ 乐小芳：《我国农村生活方式对农村环境的影响分析》，《农业环境与发展》2004年第4期。

力的资源配置间接地对当地的生态环境发生作用。[①] 党荣则认为农民的生产方式是引起农村环境污染的重要因素之一，其中化肥、农药、农膜的使用以及秸秆和畜禽养殖造成的环境污染是其主要方面。产生污染问题的主要原因有农村环境的“公共物品”属性、人们的低端需求、国内政策及国际贸易等方面。[②]

从目前来看，以生存方式为视角来探讨乡村环境问题的研究成果还比较少见，在研究内容上多侧重于对乡村生产、生活方式的现状描述，并通过简略的历史回顾，比较不同时期乡村居民生产、生活方式的差异来与环境问题进行关联和归因。甚至简单地将当前乡村社会的环境污染问题归为农村传统落后的生存方式的延续与现代性物质与生产要素的介入并存带来的矛盾。这显然是一种对于农村社会变迁缺乏反思的误判。实际上，随着社会经济的发展，当前农村居民的生产、生活方式较之以前都已经发生了很大的转变，这里既有现代的元素，又有传统的成分。某种程度上，这里已经成了传统与现代的混合物。不宁唯是，在目前来看，乡村居民的生产、生活方式还保留着过去的传统，而传统是否一定就与落后和污染相联系本身就是一个值得存疑的问题。此外，我们知道，传统向现代的转变过程是一个连续的、渐进的过程，而不是非此即彼、非黑即白的两极。我们不能简单地将乡村社会的环境问题归因于传统落后的生存方式对于现代性要素的水土不服或者含而不化，更不能简单地将农村环境问题归咎于村民环境意识的淡薄或对于“环保”理解的偏颇。我们只要认真思考一下为什么在生产、生活方式还很“传统”的过去，农村环境没有成为问题？为什么在农村居民整体文化水平已经提高（接受更多的教育也意味着了

---

① 陈华东：《农村面源污染的社会成因探讨》，硕士学位论文，河海大学，2006年。

② 党荣：《农民生产方式对环境的污染及治理对策》，《经济研究导刊》2011年第33期。

解更多的环境相关知识）的情况下，乡村环境问题反而加重了？与传统落后的农村社区居民相比，现代化的城市社区居民是否具有更好的环境友好行为？认真反思过后，我们就不会武断地把问题的责任推给“传统”或者推给“无辜”的村民。只有进入到社会现象的背后，我们才能够探究问题产生的深层社会根源。

1.2.2　乡村环境问题成因研究

环境问题是人与自然恶性互动的结果。作为社会事实，环境问题早已存在；但作为一个学术论题，环境问题被引入我国学术界还是晚近的事情。环境问题不断恶化表明社会与环境之间的互动出现了问题与矛盾，环境问题的成因无疑成为学术界普遍关注的话题。由于城市社会与乡村社会的运行机制不同，其污染发生的机制也必然存在着差异。近年来，随着乡村污染问题的凸显，探究乡村环境问题的成因成为学术界的一个焦点论题。

陈阿江通过对太湖流域东村的田野调查发现，“水域污染问题主要不是科学技术问题，而是经济社会问题。利益主体力量的失衡、农村基层组织的行政化与村民自组织的消亡以及农村社区传统伦理规范的丧失是造成水域污染的主要原因”。[①] 在《水污染事件中的利益相关者分析》一文中，陈阿江以利益相关者为分析视角，通过分析污染事件中主要利益相关各方的态度与行为，来解释水污染的发生机制，指出环境问题的产生是具有不同利益的主体间互动的结果。[②] 徐寅、耿言虎同样基于水污染这一环境问题的研究，发现在影响人的行为的众多因素中，经济因素发挥着最主要的作用。农业生产方式转变的文化

---

① 陈阿江：《水域污染的社会学解释——东村个案研究》，《南京师范大学学报》2000年第1期。

② 陈阿江：《水污染事件中的利益相关者分析》，《浙江学刊》2008年第4期。

逻辑在于科学的“无意识”和“私”的观念，谋生手段转变的文化逻辑则在于“生态道德”与“池塘伦理”以及村庄人的“生活面向”。[①] 田翠琴等从消费方式、日常生活习惯和消费文化三个方面分析了农民的生活型环境行为及其对于环境问题的影响。[②] 谭千保、钟毅平借鉴凯利（Kelley，H. H.）的“三维归因理论”从社会心理学的角度探讨了造成农民的非理性环境行为的原因，将其分为三个方面：①个人归因。一是自我中心主义的价值观；二是农民环境行为决策的不完全理性；三是农民的消极社会心理。②环境归因。一是国家政策及其执行的影响；二是农村环境宣传教育的缺乏；三是政府行为干预的无力；四是农村生产方式的影响。③刺激归因。一是自然环境本身的复杂性；二是生态破坏的滞后性。[③]

与上述学者侧重从个体（群体）利益、经济、文化、心理等角度对于环境问题的归因不同，洪大用、王晓毅、张玉林等人则分别从社会结构、社会体制角度寻找环境问题的发生机制。洪大用从社会转型的视角揭示了当代中国环境问题产生的社会因素。他认为，“以工业化、城市化和区域分化为主要特征的社会结构转型，以建立市场经济体制、放权让利改革和控制体系变化为主要特征的体制转轨，以道德滑坡、消费主义兴起、行为短期化和社会流动加速为主要特征的价值观变化，在很大程度上直接加剧了中国环境状况的恶化，导致当代中国环境问题具有特定的社会特征。”[④] 在其另一篇文章中，洪大用指

---

① 徐寅、耿言虎：《城郊村落水环境恶化的社会学阐释——下石村个案研究》，《河海大学学报》2010年第2期。

② 田翠琴、赵志林、赵乃诗：《农民生活型环境行为对农村环境的影响》，《生态经济》2011年第2期。

③ 谭千保、钟毅平：《农民的非理性环境行为及其归因》，《佛山科学技术学院学报》2006年第5期。

④ 洪大用：《我国城乡二元控制体系与环境问题》，《中国人民大学学报》2000年第1期。

出，中国特定的二元社会结构的存在是造成农村面源污染问题日益严重的深层原因，同时农村的面源污染对于这种二元社会结构进行着再生产。[①] 王晓毅在《沦为附庸的乡村与环境恶化》一文中，同样揭示了二元社会结构对村民环境行为的影响，他鲜明地指出乡村环境恶化的重要原因在于其地方文化的被边缘化和自主权力的丧失。[②] 张玉林则认为当前中国的压力型体制和政经一体化体制是催生污染和冲突的动力机制。[③] 顾金土通过系统考察中国农村工业污染的制度原因，也得出相似的结论：地方政府与企业形成了利益共同体，而当地居民则成为经济、环境决策的局外人和环境污染的受害者。[④]

此外，贾凤姿、杨驭越在分析农村环境问题的成因时指出，中国农村环境问题的形成是“多方面因素共同作用的结果，既有农村经济发展不足、不当和农民传统的生产方式和生活方式影响的经济根源，也有政府环境管理行为不当和城乡二元社会结构影响的政治根源，还有农民价值取向和农民环境意识淡薄等更为深刻的社会意识根源”。[⑤]

值得肯定的是，对于乡村环境问题的成因探讨，学者们纷纷立足于本土实践，从不同视角来分析问题的产生机制，各自的观点也都具有一定的解释力和说服力。然而，通过总结我们不难看出，当前的研究本土化有余，而理论自觉却显然不足。即便是目前尚具影响力的社会转型范式也存在其适用范围的局限性。

---

① 洪大用、马芳馨：《二元社会结构的再生产——中国农村面源污染的社会学分析》，《社会学研究》2004年第4期。

② 王晓毅：《沦为附庸的乡村与环境恶化》，《学海》2010年第2期。

③ 张玉林：《政经一体化开发机制与中国农村的环境冲突》，《探索与争鸣》2006年第5期。

④ 顾金土：《乡村工业污染的社会机制研究》，转引自包智明、陈占江《中国经验的环境之维：向度及其限度——对中国环境社会学研究的回顾与反思》，《社会学研究》2011年第6期。

⑤ 贾凤姿、杨驭越：《中国农村环境问题的成因透析》，《辽宁大学学报》2010年第3期。

1.2.3 农民环境抗争与乡村环境治理研究

20世纪90年代以来，随着我国农村经济的持续快速发展，乡村环境问题也日益凸显，由环境污染引发的社会矛盾逐年增多。环境受害者纷纷通过信访、投诉、上访、诉讼等渠道来维护自己的生命财产及健康安全。特别是近些年来，因环境污染问题而引发的群体抗争事件更是此起彼伏，环境受害者与致害者之间的利益博弈与现实冲突变得日趋激烈。农村环境污染问题引发的矛盾增多凸显了地方政府环境治理过程中存在诸多问题以及面临诸多困境。由此，农民环境抗争事件和乡村环境治理问题开始进入学者的视野，成为当前农村社会问题中的焦点问题。

张玉林通过对上百起环境抗争事件的分析得出，农村地区的环境抗争通常很难成功，而且抗争者容易遭遇进一步的伤害，包括被企业或“邪恶势力”殴伤致死，或者受到公共权力的司法惩罚。分裂、孤立无援的村庄抗争者面对的是经济组织与行政权力紧密结合的“政商同盟”，力量对比上的悬殊注定农民环境抗争的败局。① 任丙强更是认为，当前地方政府的治理存在三维困境：利益结构的失衡、政府能力危机和信任危机。正是地方政府的这种治理困境使农村的环境抗争由和平到抗议，由个人到群体，从依法抗争走向暴力抗争。② 韩宗生呼应任丙强的观点，分析了农民环境抗争事件中地方政府消解问题的策略，即抗争事件萌发阶段的有意忽视，激化初期的惊慌失措，激化中后期的严防死守，事件结束后的问责算账。进而指出地方政府的这种消解策略可能衍生一系列高风险的后果，从而导致社会暴力化程度提

① 张玉林：《环境抗争的中国经验》，《学海》2010年第2期。

② 任丙强：《农村环境抗争事件与地方政府治理危机》，《国家行政学院学报》2011年第5期。

高和官民之间的信任度降低。[①] 黄家亮以华南 P 县的一起环境诉讼案件为分析对象，指出通过集团诉讼这种方式进行环境维权面临着集体行动的“搭便车困境”、农民维权的“合法性困境”、司法诉讼的“体制性困境”和法律逻辑下的“环境权困境”。面临重重困境，这种维权形式之所以仍然成为可能，是因为在此过程中形成的特殊动力机制和特殊行动策略。其动力机制为村民们的根本利益和基本生存面临威胁时的奋起反抗和诉讼精英强烈的使命感和道德勇气，以及后来因其面临的生存危机和自我角色转型而不得不将斗争进行到底。为了克服“搭便车困境”，诉讼精英们不得不采取“选择性激励”的筹款方式；为了克服“合法性困境”，村民们一方面始终将自己的行动控制在法律的范围内，不让政府找到制裁的把柄，另一方面还通过诉苦、弱者的武器、“问题化”“携中央以抗地方”等动员策略构建自己的合法性；为了克服“体制性困境”，村民们通过引入媒体、NGO、环保支持网络等外力以搅动地方利益格局；为了克服“环境权困境”，村民们不仅锲而不舍地寻找机会取证，并求助于专业组织取证、检测。[②] 罗亚娟通过对东井村村民的环境抗争个案分析也得出与上述学者相似的结论：即污染问题难以得到有效解决与当前中国的政绩考核机制、职能部门缺乏独立性及滞后的法律制度等因素有关。[③] 陈占江在其博士论文中指出政治机会结构是形塑农民环境抗争的形式、过程、机制、策略及其后果的决定性变量，而乡村社会结构则是影响和制约农民集体抗争的重要因素。面对环境侵害，农民是否抗争、选择何种形

---

① 韩宗生：《农民环境抗争事件中地方政府消解策略分析》，《新疆社科论坛》2012 年第 4 期。

② 黄家亮：《通过集团诉讼的环境维权：多重困境与行动逻辑》，黄宗智主编《中国乡村研究》第 6 辑，福建教育出版社 2008 年版。

③ 罗亚娟：《乡村工业污染中的环境抗争——东井村个案研究》，《学海》2010 年第 2 期。

式和策略抗争以及抗争的效果和后果均受制于政治机会结构、乡村社会结构和农民的生存机制三者之间关联互动释放出的张力。①

与上述研究强调体制性因素对环境抗争的影响不同，景军、李晨璐、童志峰等人的研究则关注文化、社会关系网络、社会动机等因素对环境抗争的影响。景军通过对甘肃大川的环境抗争个案进行分析，指出传统宗族组织和地域文化在组织抗争中的作用。景军认为大川的环境抗争之所以长达 20 多年之久，文化因素在动员人们参与抗争的过程中起到了一个核心作用，并认为这种环境抗争的持续性与地方文化有着密切关联。② 李晨璐、赵旭东在研究浙东海村环境抗争事件时发现，在现在的抗争事件中，预设的条件往往使农民“被组织化”“被政治化”“被策略化”，实际上农民抗争是一个时间序列的过程，应考虑抗争初期基于农民自身思维的行为，即原始抵抗。作为心理上的表达，支撑原始抵抗的是村民在村落社会中自然习得的价值体系，传统村社文化与情感在无意识的状态下作用于村民认知，进而影响村民行为。③ 童志峰认为“在西方动员结构理论中相对不受重视的事先存在的人际网络对于理解中国乡土社会农民的集体行动具有相当的借鉴意义。在乡土中国，依附在日常生活网络的动员网络，有利于沟通信息、强化认同，降低行动成本并克服‘搭便车’的困境。随着互联网和手机等新型传媒在农村的不断发展，由互联网网络形成的‘弱连带’和手机短信形成的‘强连带’组合而成的‘熟人网络——新型传媒’动员结构，对于集体行动的形成起到了一定的助推作用”。④

---

① 陈占江：《农民环境抗争的逻辑与困境——以湖南省湘潭市 Z 地区为例》，博士学位论文，中央民族大学，2012 年，第 123—126 页。

② 景军：《认知与自觉：一个西北乡村的环境抗争》，《中国农业大学学报》2009 年第 4 期。

③ 李晨璐、赵旭东：《群体性事件中的原始抵抗——以浙东海村环境抗争事件为例》，《社会》2012 年第 5 期。

④ 童志峰：《动员结构与农村集体行动的生成》，《理论月刊》2012 年第 5 期。

与农民的环境抗争研究相比，对乡村环境治理的研究相对较少，成果有限。且主要集中在对于地方政府在环境治理中角色的分析。韩甜指出我国农村环境保护政策落实不到位、资金投入不足等一系列的实际状况以及出现这种状况的深层次的原因便是农村环境保护中的“地方政府失灵”，而其根本原因便在于在当前的政绩考核机制下，地方政府无法正确处理经济发展与环境保护之间的关系。[①]刘兵红认为，乡镇政府在农村环境治理过程中，并没有将自身的资源优势用在环境治理上，而是用来谋取自身利益，实现由“代理型经营者”向“谋利型经营者”的转变。“在缺乏一个有效的整合机制的情况下，乡镇政府在环境与利益之间做出了短期的理性选择。环境治理的正式规则的不完善是乡镇政府偏离环境治理目标获得个人利益的直接原因，非正式规则成了乡镇政府通过经营权来谋利的方式和途径。”[②]

综上所述，我们可以看到农村环境抗争和乡村环境治理研究尚处于起步阶段，缺乏系统性和理论自觉。学者们更多地侧重于从体制性缺陷角度来探讨当前我国农村社会环境抗争和环境治理中面临的困境，文化和社会关系网络对于环境抗争的影响虽有涉及，但偏向其正功能，而实际上并没有论者所述那么简单，文化和关系网络的复杂性决定了人们行为方式的多向性和不可预测性。与城市社会相比，乡村社会的环境抗争更会因其特殊的文化和关系网络形态而呈现出纷繁复杂的图景。

① 韩甜：《地方政府在农村环境治理中的责任及实现机制研究》，硕士学位论文，浙江大学，2009年，第35—39页。

② 刘兵红：《农村环境治理中的乡镇政府行为——基于芜湖A村的调查》，硕士学位论文，南京航空航天大学，2010年，第24—30页。

1.2.4 反思与批判

不难看出，国内学者在探讨环境问题时，深受西方理论的影响，无论是“池塘伦理”“搭便车困境”“原始抵抗”，还是“强连带—弱连带”，这些概念无不显示西方理论界对于我们的深远影响。有学者反对不加批判地盲目运用西方理论来套解中国经验，主张立足中国传统和本土经验，发展并建构本土理论以摆脱长期以来对西方理论的过度依赖，实现理论自觉。然而本土化并非“本土主义”，不能一味地盲目排外和闭门造车。本土化是在立足本土经验的基础上，放眼世界，在中学与西学之间、理论与现实之间寻找契合点，产生并构建本土理论，也只有在此基础上形成的理论才可以真正摆脱对西方理论的依附，形成中西学术的平等对话与交流。

从研究内容来看，已有的研究主要将目光集中在农村环境问题成因和农民环境抗争困境的探讨两个方面，且目光多集中在外来企业的入驻对于当地造成污染后引发的环境抗争问题（在这种情况下，受害圈与受益圈往往是分离的），而对于污染源于村庄内部或者说内生性的污染所引发的矛盾与冲突缺乏关注（这时，受害圈与受益圈会有一个高度重合的部分）。

从研究视角来看，无论是农村环境问题的形成机制还是农民面临的环境抗争困境，已有的研究多从国家与社会二元视角出发去思考问题，把当前存在的问题归结为“强国家—弱社会”模式的弊病。认为农村环境问题的恶化和农民环境抗争的困境在于二元社会结构下国家与资本的联合与共谋，以及弱势的农民在强权力面前的失语，其破解之道就在于一个可以和国家权力抗衡的公民社会的发育。然而，在中国当下的制度语境与文化环境下，我们必须为学术界流行的“公民社会迷思”进行反思与祛魅，回到问题的根本上来。[①] 环境作为公共物品，其保护与治理当然需要基层社会的主动参与和积极配合，但它更离不开国家强有力的管理与约束。只有从底层的视角透彻理解民众的社会心态和行为逻辑，才能准确把握目前农村社会面临的日益严重的环境问题，才能制定出切实可行的政策和措施来应对日益恶化的乡村环境。同时，已有的研究多是环境污染现状和环境抗争事件的横断面考察，缺乏历史维度观察，很难做到从历史的脉络来把握社会变迁对于基层社会的影响，也就很难真正的追根溯源，找到问题的关键所在。

1.3 研究基本内容与思路

1.3.1 传统与现代的划分

本文将20世纪90年代作为一个分期时段，将90年代以前的农村生存方式定义为传统生存方式，90年代之后的生存方式定义为现代生存方式。笔者之所以选择90年代作为分期时段，有以下三方面的考虑：第一，是因为在这一时段，当地农村的生产、生活方式发生了巨大的转变。在这一个十年，当地先后实现了村村通电、通话、通公路，这为当地农村社会生活向现代转变注入了基础性现代元素。第二，从80年代末90年代初开始，国家开始深化农村改革，掀起大办乡镇企业、发展商品生产的热潮。在全国经济飞速发展的大背景下，经过近十年的推动，当地的个体经济和民营企业有了长足的发展。L

① 陈占江：《农民环境抗争的逻辑与困境——以湖南省湘潭市Z地区为例》，博士学位论文，中央民族大学，2012年，第135—136页。

村的肠衣加工业就是在这一阶段发展成为了该村的主导产业。第三，在这一阶段，当地的农业生产逐渐由人畜力转变为机械化作业，大量劳动力得以从农业生产中分离出来，并流向第二、第三产业。从传统向现代的转变是一个渐进的过程，是一个传统元素逐渐减弱、现代元素逐渐增强的连续统。由此，在这里选择某一特定时段作为分期标准有一定的现实合理性。

1.3.2 研究内容与思路

本文试图回答以下几个问题：人们的生活方式与生产方式会对农村的环境问题产生哪些影响？传统与现代乡村社会环境问题的差异是什么？一个有着几十年发展历史的农村村落企业对本村及其周边村落产生了哪些环境影响？本村村民和周边村民是如何感知这些影响的？政府和环保部门又是站在什么立场上来处理相关问题的？复杂的乡村社会关系对环境治理又产生了哪些影响？人类的生存方式与环境问题存在怎样的关联？

为了回答上述问题，本文拟沿着以下路径进行思考。

第一部分为导论，交代本研究的问题意识，梳理并评述现有文献中有关生存方式研究与环境问题研究的相关成果，并在此基础上提出本文的研究框架。同时，还介绍本文的研究方法以及田野观察点的基本情况。

第二部分主要探讨了生存方式与乡村环境问题的关系。通过对L村村民生存方式变迁的历史性考察，比较传统生存方式与现代生存方式的差异，以及这些差异对于环境的影响来理解当下乡村环境污染的产生根源。

第三部分主要通过对乡村社会结构中熟人社会的关系与伦理的演变以及转型期的国家与乡村社会关系形态的解读，来反思这些因素对于乡村环境治理的影响。本文主要围绕发生在L村的三个典型事件，即西湾事件、东沟事件、建设肠衣小区的构想与失败来展开分析，深入探讨不同事件中相关利益群体的行动策略与行为方式，从而挖掘出乡村环境问题产生的深层次原因和乡村环境治理面临的诸多问题。通过分析揭示出不同乡村社会关系形态对于乡村环境问题的形成与乡村环境治理这两方面的深刻影响。

第四部分主要探讨乡村环境治理的理想图景。此部分首先从乡村面源污染和点源污染的本土经验与尝试展开探讨，以挖掘当地人在处理环境问题中的智慧，并分析其存在的问题，在此基础上给出作者自己的设想。然后，基于学界有关环境治理的现有路径，分别从经济学视角和社会学视角来展望乡村环境治理的理想图景。

第五部分为全文的总结。在总结前文论述的基础上，进行进一步的反思，试图站在生存者的角度来重新审视环境问题的产生及其治理现状的现实根源，以启迪乡村环境治理的现实路径。

1.4 分析框架与研究方法

1.4.1 基本概念与分析框架

1.4.1.1 基本概念

1.4.1.1.1 生存方式

在实践哲学的思维范式中，人的生存方式其实就是现实个人的生存方式，即在一定社会历史条件下人们的生成方式和存在方式的内在统一。[①]“从存在论的角度来看，人的生存方式本质上是人的本质力量的确证和外化，也就是人的本质的现实化和对象化，体现为生存方式的对象性特征；从生成论的角度来看，人的生存方式实际上就是人的实践活动本身，它主要包括三种类型，即面向自然界的实践、面向社会界的实践以及面向人的精神世界的实践。主要体现出人的生存方式的对象性与主体性的统一以及在此基础上的意向性的生成。而上述两种角度的统一即是人的生存方式的完整含义。人的生存方式可以划分为三个相互关联的要素：生存事实、生存实践、生存价值。其中，生存事实只是逻辑要素，不具有现实内容。生存实践是人的生存方式的核心内容，生存价值是人的生存方式的本质规定，两者在现实生存活动中体现为下述具体形态：生活方式和生活意义。”[②] 人的生存方式就是“人在处理与自然的物质变换过程中形成的生产方式和生活方式，在物质层面上由自然、社会、人以及技术和各种技术物品等一系列物质生存要素构成”[③]。

本文所探讨的生存方式概念更接近于后者，是指在一定的社会历史条件下，人们在处理与自然的物质变换过程中所形成的生产方式和生活方式，以及在特定的生产方式和生活方式中所形成的人们之间的社会关系内容与社会关系形态。

1.4.1.1.2 生产方式

生产方式是历史唯物主义的一个重要范畴，更是马克思主义政治经济学的研究对象。在马克思主义经典作家的著述中，生产方式是个多义概念，对此学者们进行了归纳总结。李荫榕、马晓辉把马克思的

① 朱秀梅：《人类生存方式的马克思主义分析》，硕士学位论文，吉林大学，2007 年，第 7 页。

② 参见百度词条。

③ 林学俊：《从生存方式看环境友好型社会的构建》，《探求》2010 年第 1 期。

生产方式内涵归结为三个方面："第一，生产方式如工厂生产方式等，指劳动过程的技术条件和社会条件；第二，生产方式是劳动者利用既得的生产资料进行生产，以保证自己的生活方式；第三，生产方式是生产的物质要素和生产的社会形式或说是生产力和生产关系的不可分割的统一体。"[①] 赵家祥则把其归纳为五个方面："第一，生产方式指人们保证自己生活的方式；第二，生产方式指生产力的社会利用形式；第三，生产方式指生产力和生产关系之间的中间环节；第四，生产方式指人们利用什么样的劳动资料进行生产以及生产规模的大小；第五，生产方式就是生产关系。"[②] 漆志平、李洪君通过总结马克思关于生产方式的论述认为，生产方式是"指人们利用一定的社会生产力及其发展形式，在一定的物质基础（劳动过程的技术条件）和社会形式（劳动过程的社会条件）基础上，通过一定的劳动方式，生产自己的生活资料的方式"[③]。在百度词条中，生产方式被界定为社会生活所必需的物质资料的谋得方式，在生产过程中形成的人与自然界之间和人与人之间的相互关系的体系。生产方式的物质内容是生产力，其社会形式是生产关系，生产方式是两者在物质资料生产过程中的统一。现有的哲学教科书中通常把生产方式定义为人们在物质资料生产过程中生产力和生产关系的统一。[④] 乐小芳在其研究中将生产方式界定为人们为了维持自己的生存和发展而谋取所必需的物质资料的方式。[⑤]

本文所探讨的生产方式概念同样沿用后者的说法，即生产方式是

---

① 李荫榕、马晓辉：《论生产方式及其在信息时代的变革》，《理论月刊》2004年第2期。

② 赵家祥：《生产方式概念含义的演变》，《北京大学学报》2007年第5期。

③ 漆志平、李洪君：《生产方式的含义、内容和内在矛盾——基于马克思主义的分析》，《东莞理工学院学报》2009年第2期。

④ 参见百度词条。

⑤ 乐小芳：《我国农村生产方式的特征及其对农村环境影响的分析》，《内蒙古环境科学》2009年第1期。

在一定的社会历史条件下，人们为了维持自身的生存和发展而谋取所必要的物质资料的方式。

1.4.1.1.3 生活方式

生活方式可以从广义和狭义两个方面来理解。从广义上来看，《中国大百科全书·社会学卷》指出，生活方式是“不同的个人、群体或全体社会成员在一定的生活条件制约和价值观制导下所形成的满足自身生活需要的全部活动形式与行为特征的体系”①。王雅林认为：“作为科学范畴，生活方式是指在一定社会客观条件的制约下，社会中的人、群体或全体成员为一定的价值观念所指导的、满足自身生存发展需要的全部生活活动的稳定形式和行为特征。”② 徐正明认为，生活方式是“在一定生产方式和全部客观条件制约下的有关物质生活和精神生活的典型形式和总体特征。它包括人们的衣食住行、劳动工作、休息娱乐、社会交往、待人接物等物质生活和精神生活的价值观、道德观、消费观、审美观以及与这些观念相适应的行为模式和生活习惯”③。这些都是广义的理解。王伟光等人则对于生活方式进行了狭义的界定，他们认为：“生活方式是在一定的社会历史条件下，历史地形成的人类生活活动形式的总和，它说明人们在何种条件下，结成何种关系，以何种形式来利用生活资料，它反映了人们社会生活活动的内容、特征和形式。”④ 他们还明确说明生活方式概念不包括生产方式。⑤ 有些

---

① 中国大百科全书总编辑委员会：《中国大百科全书·社会学卷》，中国大百科全书出版社 2011 年版，第 125—128 页。

② 王雅林：《社会发展理论的重要研究范式——基于马克思社会理论的“生活/生产互构论”》，《社会科学研究》2007 年第 1 期。

③ 徐正明主编：《生活方式纵横谈》，四川大学出版社 1985 年版，第 2—3 页。

④ 王伟光、李廖杳、王建武等：《社会生活方式论》，江苏人民出版社 1988 年版，第 39 页。

⑤ 康秀云：《20 世纪中国社会生活方式现代化问题研究》，博士学位论文，东北师范大学，2006 年，第 12 页。

人甚至认为生活方式就是消费方式，或者主要指的是消费方式。

本文所探讨的生活方式取狭义的理解，即在一定的社会历史条件下，社会中的个人、群体或全体成员在一定的价值观指导下，历史地形成的人类日常生活活动样式。与马克思主义经典作家对生活方式的理解不同，这里所说的生活方式不包含生产方式。

1.4.1.1.4 生存者

生存者包括生产者和生活者两个方面。生存与毁灭或死亡相对，是一个保持存在的过程或状态。人类要想生存下去就必须与一定的生产方式和生活方式相联系。在现实社会，某个人一定是一个生活者，但不一定是一个生产者。也就是说个人或者群体可以不同时拥有生产者和生活者的双重身份。本文所分析的案例中，村民则同时兼具生产者和生活者的双重角色，且两种角色的担当是在同一场域内完成的。

1.4.1.2 分析框架

1.4.1.2.1 生存者的致害者化

“生存者的致害者化”是受到日本环境社会学家饭岛伸子提出的“生活者的致害者化”这一理论的启发发展而来。饭岛伸子在研究日本环境问题发生机制的过程中发现，自20世纪70年代后半期以后，随着城市生活方式的变化，在环境问题的发生源上又增加了新的发生源——生活者，尤其是在数量上占绝大多数的城市生活者。饭岛伸子发现，在进入经济高速增长期之前的环境问题中，生活者往往是受害者和牺牲品。但经过经济的高速增长期之后，出现了大量过剩的消费品，生活者在这种大量生产、大量销售、大量消费的时代，在日常生活的各个侧面，都直接或间接地成为环境的污染和破坏者。具体表现为汽车排放的废气和发出的噪声、生活废水和垃圾等[①]。

饭岛伸子将“生活者的致害者化”归结为城市生活者所表现出来的特点。也就是说，饭岛伸子概念中的生活者是作为消费者的生活者而出现的，指的是由消费领域产生出来的环境污染问题。这与由饭岛伸子所参照的矿产开发业和大型制造业等第二产业所带来的污染形成鲜明的对照，在这种情况下，生活者往往是以受害者或者牺牲品的角色出现。由此，我们可以看出她的理论中所谈到的生活者是与生产者发生分离的，或者不在同一个场域内。

然而，生产者和生活者的角色并不总是发生分离，在某种特定的情况下，二者也会合二为一。这样就会出现作为生产者的生活者身处在自身生产行为和消费行为所产生的污染之中的情况，在这里我将其称为“生存者的致害者化”。事实上，大量生产、大量消费、大量废弃的现象已经不是都市社会所独有的特征，即便是在广大的农村地区也是如此，只不过农村地区人口密度相对较小而已。随着农村社会经济的发展和人们生计方式的转变，大量生产、大量消费、大量废弃的生活样式在当今中国的乡村社会中已经日益呈现出来，且由于政府用于治理农村环境的管理力度和资金投入严重不足以及农村居民消费水平的相对落后而表现出自身的特点。本文将饭岛伸子“生活者的致害者化”这一理论进一步拓展为“生存者的致害者化”，以用来分析并解释中国的一个普通农村村落若干年来所经历的环境变迁过程。这一村落的污染与外来开发者无关，与学术界所热衷于讨论的由外来资本进入或者工程性开发所导致的外源污染问题不同，本村落的污染源于村庄内部，是村落人自身的生存方式变迁所引发的结果。因此，其污染的发生机制和由此引发的矛盾冲突关系也必然呈现出其独有的特点。

---

① ［日］饭岛伸子：《环境社会学》，包智明译，社会科学文献出版社 1999 年版，第 24—29 页。

1.4.1.2.2 生存环境主义

“生存环境主义”是由“生活环境主义”这一理论拓展而来。“生活环境主义”是20世纪70年代末至80年代由鸟越皓之、嘉田由纪子等日本社会学学者在总结与环境问题有关的人们的实践活动的基础上提出的。在“生活环境主义”产生之前，对于环境问题的解决策略主要存在两种观点：一种认为不经过任何人为改变的自然环境是最理想的自然环境，这种观点以保护自然环境、恢复自然的原始状态为最重要的目标，不管这种保护和恢复是否真正对当地人有利，也不管当地人是否有这种意愿。这是一种主张对自然采取彻底保护的态度，与“人类中心主义”相比，更像是“自然中心主义”，鸟越等人将其命名为“自然环境主义”。与此相反，另一种观点则认为科学技术的发展有利于人们修复遭到破坏的环境，将环境问题的解决寄希望于科技的发展与进步，而忽视当地人的本土经验和知识，也不管这种“科学的”治理方式是否会对当地人的生活系统造成新的问题。鸟越等人将其称为“现代科学主义”。[①②] 这种观点表现出一种过度的技术依赖与技术崇拜，往往忽略了环境问题的成因并非只是简单的技术问题，更是一个复杂的经济社会问题。事实上，恰恰是因为技术在发展过程中脱离了它为人类服务的初衷，成为一种不可控制的异己力量，才使得人类面临前所未有的风险与危机。而通过对琵琶湖综合开发的纷争现场开展的社会调查，鸟越等环境社会学家发现人们在具体处理当地的实际问题时所依据的既不是“自然环境主义”，也不是“现代科学主义”，而是有别于二者的另外一种思维方式，鸟越等人将其总结提炼为“生活环

---

① ［日］鸟越皓之：《日本的环境社会学与生活环境主义》，闰美芳译，《学海》2011年第3期。

② ［日］鸟越皓之：《环境社会学——站在生活者的角度思考》，宋金文译，中国环境科学出版社2009年版，第50—56页。

境主义”。概言之，“生活环境主义”就是通过尊重、挖掘并激活“当地的生活”中的智慧，来解决环境问题的一种方法。换句话说，“生活环境主义”从生活者的立场出发，在保护环境与当地人的利益两方面求取平衡。

“生活环境主义”一经问世即遭到各方的质疑和批评。主要批评指向是其主观性，认为其站在生活者的立场看问题很难保持客观中立的科学态度。然而在笔者看来，“生活环境主义”的生活者视角却是其理论的精髓之处，也是我们在分析问题时应该学习和借鉴之处。注重从生活者的视角看问题并不是主张将视角单一化。实际上，我们应该多角度、全方位地来看待一个问题。只有综合各方面的因素来考察一个问题，才能更好地找到解决问题的有效途径。当然，“生活环境主义”并不是放之于四海皆准的真理，该理论有一定的适用范围，并不属于普适性理论。由于“生活环境主义”理论是在日本这样一个高度发达、高度现代化的场域中产生的，当地人们的生活水平和环境意识与仍处在发展中的中国农村地区居民的情况相比必然会有较大的差异。因此不可能直接照搬过来，而应结合我国农村地区的实际情况进行适当的修正与发展，以期使理论适合解释当地的现实情况。“生存环境主义”就是在这样的背景下提出来的。“生存环境主义”同样立足于当地人的立场，来解析同时扮演着生产者和生活者角色的生存者如何感受污染的存在，并如何试图在环境保护与当地人的利益两方面求取平衡的。

1.4.1.2.3　利益相关者分析

本文还运用了利益相关者分析视角，形成了本研究的另外一条分析脉络——乡村环境治理模型（见图 1-1）。环境治理的过程显然是一个污染既成事实，需要事后处理的过程。作为一个既定事实，必然涉及致害方、受害方和治理方（抑或监督治理方）等多方主体的利益博弈和行动策略。然而这些主体又不是相互独立的，在一定的空间场域中，他们相互之间可能存在某种交集，比如致害方同时又是受害方的情况，治理方与致害方存在利益共谋的情况，等等。而放在历史脉络中考察，我们会发现更有意思的情况，那就是从受害方变为致害方的情况，从致害方变为受害方的情况，以及因其生活境遇的不同，受害方对其受害程度认定上的差异。另外，国家作为公权力在环境治理的过程中扮演着怎样的角色，取决于国家的大政方针，同时也会受限于地方政府的利益。所有这些都会使得环境治理的过程变得异常复杂，充满变数。

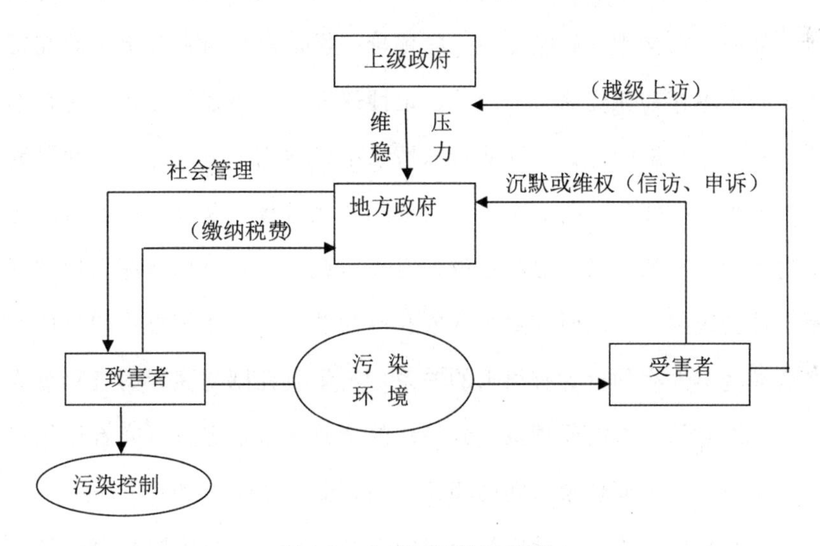

图 1-1　乡村环境治理模型

在论述过程中，本文试图运用“底线伦理”这一概念来解释乡村环境问题形成与治理中的诸多变数。底线既是不可逾越的界线，但同时又是变动着的底线，其变动是因时间、空间和情景而有所不同的，因此这里的“底线”是情景中的、暂时性的，而不是“最低限度”。随着国内国际大环境的变化，中央政府的政策会发生变动，其大政方针也会调整，那么地方政府的治理方略也必然会随之出现调整，这是政府部门的行政底线；随着人们生活水平的提高和生活境遇的改变，人们的观念和对外在事物的感受也随之发生变化，人们的环境容忍底线也就会有所不同。环境问题的发生与治理过程，就是各方主体相互探底和触底的过程。

1.4.2 研究方法与调查点的选择

1.4.2.1 研究方法的选择

社会科学的研究方法分为定性与定量研究两种，这是我们在研究社会过程中可以采取的两条路径。它们给我们提供的是两种不同的图画。如同对人文主义和实证主义的评价一样，定性研究和定量研究二者之间也不存在孰优孰劣的问题。定性研究基于描述性分析，它在本质上是一个归纳的过程，即从特殊情景中归纳出一般结论。定性研究者注重现象与背景之间的关系、现象的变化过程、现象与行为对于行为主体所具有的意义。也就是说，定性研究的主要目标是深入地“理解”社会现象。定性研究重视现象和行为的背景，相信特定的自然和社会环境与人类的行为有很大的关系。定量研究则与演绎的过程更为接近，即它从一般的原理推广到特殊的情景中去。定量研究者往往强调客观事实，强调现象之间的相关，强调变量之间的因果联系。

在乡村研究中，以社区为个案的定性研究一直是中国社会学的主流传统。如费孝通的《江村经济》、林耀华的《金翼》等，这些研究均是以村落为基本研究单位的典型。一般来说，对传统社区研究的批判主要有以下三种：一是以弗里德曼和格尔兹为代表，他们反对通过小的社会单位，或者小的社会单位的堆积，从而得出作为总体社会“缩影”的观点；二是来自“大众社会论”派学者的质疑，该派学者主张研究者的兴趣应自觉地转移到宏观结构力量研究，而不是破碎化的具体微型社区研究；三是来自学科规范角度的批评，一些学者指责社区研究成果是“印象主义”或“特殊主义”的①。

针对第一、第二种方法论层面的批判，布洛维的“拓展个案方法”(extended case method)予以了有效回应。这一方法将具体社会处境当作经验考察的对象，从更宽广的研究视野着手，去理解微观处境如何被宏大的结构力量所形塑。拓展个案法将反思性科学应用到民族志中，目的是从“特殊”中抽取出“一般”、从“微观”移动到“宏观”，并将“现在”与“过去”建立连接以预测“未来”。其解决办法就是通过四步层层递进的拓展，即从观察者拓展到参与者、时间和空间上的拓展、从过程拓展到力量以及拓展理论来实现这一目标②。针对第三种方法论层面的批判，费孝通的“类型比较法”也许能够较好地解决问题。费先生提出用逐步接近的方法，即“用类型或模式比较的方法把中国农村的各种类型逐步识别出来，接近认识中国农村的基本全貌”③。《云南三村》及中华人民共和国成立后费孝通先生在全国各地进行的模式比较，就是这种方法的落实。

有鉴于此，本研究是基于对一个村落的田野调查而开展的对农村环境问题的经验性研究，主要运用质性研究方法，同时也辅助运用文献分析的方法。

1.4.2.2 调查点的选择

基于对上述方法论的思考，本研究调查地点确定为以山东省L村为中心的三个村落所构成的一个农村地域，之所以做出这样的选择，是基于以下几点原因：

第一，L村是从事肠衣加工业的核心村落。该村自20世纪30年

---

① 刘小峰：《从“有形村落”到“无形中国”社区研究方法中国化的可能路径》，《中国社会科学报》2012年2月13日第B03版。

② [美]麦克·布洛维：《公共社会学》，沈原译，社会科学文献出版社2007年版，第77—112页。

③ 费孝通：《江村经济》，上海人民出版社2007年版，第482—484页。

代以来就开始从事肠衣加工业[①]的生产，日本侵华战争爆发以后加工业停顿，一直到中华人民共和国成立后的20世纪60年代集体经济时代，该产业开始恢复，并加速发展，直到近些年此加工业发展到顶峰，因污水排放问题产生了诸多矛盾且屡遭周围村落的抗议，该村产业发展面临环境困境。而作为相邻的村落，前村和后村却是典型的农业村落，除了有少数人以打工者的身份进入L村的肠衣加工业外，并没有类似的加工业在本村落户。从历史的角度我们可以对比两类村庄由传统向现代转型过程中存在的差异，探析不同的群体对于外在环境污染的感受程度，看其是否存在差异，以及存在这种差异的原因。

第二，对于L村来说，村民中的绝大多数都直接或者间接地涉入肠衣加工业的生产，因此可以说基本都是该产业的受益者；同时他们也一直遭受该产业带来的副产品——污水排放和空气污染的影响，是典型的受益圈与受害圈相互重叠的一个群体。而与L村前后相邻的两个村落则是以农业生产为主要收入来源的农业村落，对于灌溉用水有着较强的依赖性，两村村民对于L村水污染的外溢有着强烈的反应，是典型的受害圈群体。因此，要想深入透彻地分析该地区环境问题的形成机制，必须在空间上加以拓展，同时考察这三个村落村民对于此加工业带来的污染的感受程度，分析具有不同独立利益和目标的多元行动主体之间的对立与冲突、合作与妥协的复杂关系。

第三，从研究的可行性方面来讲，由于环境污染问题属于敏感话题，研究无法回避各利益群体间的互动与博弈，在调查过程中必然要触及各方的利益，要想获得真实可信的数据绝非易事。因为L村所在乡镇是笔者的家乡，因此对于当地的历史和发展脉络有着比较清楚的

① 肠衣加工以动物小肠为原料（主要是羊、猪的小肠），经过人工处理，去掉小肠内容物及肠壁上的油脂和附着物，只保留肠皮。肠衣的用途比较广泛，除了用来灌制香肠以外，其下脚料还可以用来作为医疗中的手术缝合线。

认识，并且由于地缘的优势，笔者在调查地有着较为可靠的熟人关系网络，有利于获取资料与进入现场，能够比较容易地获得可靠的第一手资料。

1.4.2.3 进入现场

田野调查所面临的首要难题就是如何进入现场的问题。根据研究的主题不同，研究者进入现场的难易程度存在差异，同时研究者的身份对于研究现场的进入也起到了至关重要的作用。上文提到，笔者的“熟人”身份对于进入现场有了很大的帮助，但同时也必须清醒地认识到恰恰是这样的“熟人”身份也会给研究带来问题。虽然与被调查者比较容易建立信任关系，但同时也会出现引不起对方重视的情况。比如不重视调查者的问题，敷衍了事，先入为主地认为问题不重要，不具有研究价值。这样，虽然调查能够较顺利地开展下去，但是要想深入也同样面临难度，被访谈者只把研究者当成熟人，对问题的回答缺乏认真思考，回答简略，不求深入，因此对于研究者来说如何引导对方深入地回答所要了解的问题存在一定的难度。

1.4.3 资料的来源

本书的资料来源主要包括三部分：

一是笔者在田野调查中通过访谈和参与观察收集到的资料，访谈的对象主要包括市环保部门、乡镇干部、村干部、加工户、L村普通村民、加工户雇工（外村）、前村和后村村干部及村民。

二是笔者设计的农村社会经济调查问卷，调查对象涉及L村、前村和后村三个村落的村民。以户为单位进行调查。问卷调查的目的是引导村民接受访谈，做到有话题可谈，根据问卷问题可以实时深入地展开开放式的提问，进行深入访谈。问卷调查的数据结果用来了解三个村庄村民的经济收入状况和产业结构并用来分析比较三者间存在的异同，为深入分析当地的环境问题做出背景铺垫。

三是《LL县县志》《LL市市志》《LL统计年鉴》等历史文献与统计资料，这些资料为了解该地区的风土人情、历史人文、经济地理等提供必要的背景知识，为与当地社会经济发展有关的分析提供数据支撑。同时查阅LL市环保局档案资料，了解历年来与L村水污染有关的环境问题上访事件及相应的应对策略。

这里需要说明的是，遵照学术伦理，在资料的使用方面，对涉及地（市）级以下的单位和个人均进行了匿名化的处理。

1.5 调查点概况

1.5.1 区域地理

L村所在市位于山东省西北部，属华北平原。古有“齐燕要塞”之说，今有“鲁冀枢纽”之称。该地历史悠久，据出土文物考证，早在4000多年前即有氏族部落在此生息繁衍。全境南北最长48.1公里，东西最宽39.3公里，全市总面积1172.7平方公里。

该地全部处于平原地带，地势低平。海拔一般在10米至12米，自西北向东南逐渐降低，因古黄河的泛滥冲击，境内地貌构成了高、洼、坡相间的微地貌类型。境内河流主要有三条，均属平原泄洪河道，其中两条具有引黄灌溉作用。夏、秋两季水多，冬、春两季水少，其流向由西南向东北。

由于其所处的独特地理位置，该地已于2009年被列入黄河三角洲高效生态经济区发展规划的大盘。该地以盛产“金丝小枣”而驰名中外。神奇的水土和气候条件，造就了金丝小枣丰富的营养和独特的品质，赢得了“枣中之王”“果中珍品”“天然维生素丸”等美誉，因而被国家命名为“中国金丝小枣之乡”。1999年全市枣树发展到2500万株，100万亩耕地基本实现枣粮间作化。林地面积20.45万亩，退耕还林0.13万亩，荒地植树1.9万亩，林木覆盖率达24%。2006年59万亩枣林被评为国家级“工农业旅游示范区”“AAA级旅游景区”。[①]

1.5.2 气候与灾变

L村所在地区属暖温带半湿润大陆性季风气候，四季分明，降水集中。春季干旱多风，盛夏炎热多雨，秋季凉爽，冬季干冷。

该地区四季降水不均，属资源型缺水地区，季节性缺水突出。全市水资源可利用总量1.51亿立方米，人均占有量为247立方米，是全省人均占有量的61%，仅为全国人均占有量的10%。境内年平均降水量为527.1毫米，每年降水集中在6月至9月。

该地自然灾害较为频繁，旱涝为主要自然灾害，尤其是旱灾。据气象资料记载，该市春旱频率为62.5%，即十年六旱。初夏旱频率为70.9%，秋旱频率为58.3%。由于降水少，且时空分布不均，几乎年年发生季节性或全年性干旱。此外，伏旱也时有发生，虽发生概率较低，然而对作物影响却十分严重。

该市的涝灾多由暴雨造成，一般发生在夏、秋两季（5月至10月），大多集中在7至8月份。连阴雨也是境内的主要灾害之一，多出现在夏、秋两季，持续时间一般为5至6天，特殊年份超过10天。这种天气虽然形不成洪灾，但由于时间长，给农作物带来的霉烂危害

---

① 山东省LL县史志编纂委员会：《LL市志》，齐鲁书社2008年版，第17页。

极大。此外，冰雹、霜冻、蝗灾、夏季干热风等自然灾害也比较严重，给当地人民的生产生活带来巨大损失。[①]

1.5.3 农田灌溉与农业病虫害

1.5.3.1 农田灌溉

L村所在市属于严重缺水区，年平均缺水量3亿立方米左右，枯水年缺水量为4亿立方米左右。1990年以前，该地引进黄河水有三条路线。1990年后，由于其中一条线路划归济南市管理，因此还有两条路线供引黄灌溉。黄河水的引入，使得该市绝大部分耕地受益。

1986年后，随着引黄灌溉难度的不断增加，市委、市政府确定“以井保丰”的农村水利工作思路，加大井泉灌溉力度，井泉的数量及灌溉面积逐年增加。同时，开始采取“小白龙”（用送水带送水）节水灌溉措施。20世纪90年代，该地区开始引进并推广管灌、滴灌、微灌等节水灌溉技术，但发展缓慢。到2007年，井泉灌溉面积增加到50多万亩，节水灌溉面积仅7.9万亩，仅占灌溉总面积的15%左右。[②]

1.5.3.2 农业病虫害

该地病虫害发生严重。20世纪80年代，玉米大、小叶斑病发生严重。90年代后，随着抗病品种的推广，该病害危害转轻。但小麦锈病、白粉病时有发生，1990年发生面积60余万亩。1995年以后，玉米粗缩病渐多，特别是春播玉米更严重，1996年和1997年发生面积均超过20余万亩。1998年小麦赤霉病、叶枯病发生面积50余万亩。2004年小麦纹枯病发生面积40余万亩。枣树病害主要有枣锈病、枣

---

① 山东省LL县史志编纂委员会：《LL市志》，齐鲁书社2008年版，第44—52页。

② 同上书，第334—335页。

浆包、炭疽病、缩果病、裂果病等，枣树虫害有枣尺蠖、枣刺蛾、桃小食心虫、食芽象甲、绿盲蝽、枣瘿蚊、枣树锈壁虱、龟蜡蚧、枣树红蜘蛛、枣豹蛾、吉丁虫、甲口虫、金龟子等。经济作物棉花的病害主要是棉铃虫，每年发生四代，分别在6至9月每月的20日左右各发生一次。一代棉铃虫主要危害小麦，二、三、四代棉铃虫主要危害棉花。20世纪90年代，棉铃虫抗药性增强，危害严重，每年发生面积都超过30万亩。2000年以后，引进抗虫棉种，用药减少，棉铃虫危害减轻。但盲椿象发生频繁，危害加重。同时，白粉虱年年爆发，因成虫移动性强，药剂防治较难，给秋季作物造成较重危害。其他虫害发生面积较小，危害较轻。①

1.5.4　村庄简介

在这里我将简要介绍本论文涉及的村庄基本情况，本文重点分析L村情况，因围绕L村发生的相关事件涉及前、后两村，因此也略带介绍一下，以便读者会清楚相关关系产生的背景。

1.5.4.1　L村基本情况

L村现有151户，602人，耕地总面积838亩，人均耕地面积1.39亩。20世纪四五十年代前是一个纯农业村落，农民主要以种植小麦和玉米等粮食作物为主，此外还种植棉花、高粱、谷物、红薯、豆类等作物。枣树种植业是当地的特色种植业。集体经济时代，L村开始有枣树种植。1980年，农村实行联产承包责任制，实行包产到户，棉花等经济作物开始出现增长势头。90年代中后期L村的种植结构发生重大调整，小麦、玉米与棉花的种植逐渐退居次要地位，枣树种植逐渐发展成为该村的主要种植业，种植面积占全村耕地总面积

---

① 山东省LL县史志编纂委员会：《LL市志》，齐鲁书社2008年版，第51—52页。

的85%以上。2005年以后，枣树种植面积略有减少。

L村同时从事肠衣加工业的生产，其加工业的历史可以推到20世纪30年代，当时村内只有一户从事肠衣加工。1937年“卢沟桥事变”，中华民族全面抗战爆发，由于战乱L村加工业被迫停止，直至中华人民共和国成立后人民公社时期，L村的加工业成为村集体事业。1980年联产承包责任制之后，肠衣加工业重新转入个体家庭，当时从事肠衣加工的只有三家。1978年改革开放之后，当地掀起深化农村改革，大办乡镇企业，发展商品生产的热潮，该村加工业迎来新的发展契机。进入21世纪后，该村肠衣加工业发展成为主导产业。

目前，L村加工业户将本村加工业产生的污水全部排入村东引黄灌溉沟渠，因水污染问题多年来一直与前后两村发生矛盾与冲突。2010年和2012年因污水泄漏事故发生了两次群体性上访事件，污染问题引发的矛盾被激化。

1.5.4.2　前村与后村基本情况

前村有127户，560人，耕地面积900亩，人均耕地面积1.61亩。作物以小麦和玉米为主，每年可收获350～400吨小麦和350～450吨玉米。一般每亩地的纯收入在1000元左右。该村村支书称现在没有人完全以种地为生，都会从事一些副业，一个人即使种上20亩地，年收入也只有2万元，种地只能解决基本的吃饭问题，所以村民会在农闲时间从事一些兼职工作，如拉砖卖、加入建筑队做泥工等。现在种地的基本都是五六十岁的老人，年轻人都外出打工了。该村外出经营者有一个相对比较集中的行业，即从事橱柜的加工与销售，从事该行业的家庭涉及本村二三十户家庭。村支书语：“如今土地是村民的累赘，扔掉又可惜。”

后村有132户，569人，耕地面积903亩，人均耕地面积1.59亩。作物以小麦和玉米为主。该村村支书称现在40岁以下的村民基本没有在家的，种地的都是50岁以上的人。该村外出打工人员没有集中的行业，在外面做什么的都有，蒸馒头的、搞装修的、在工厂做工的，等等。现在一亩地一年1000元的纯收入。如今就是爷爷奶奶在家里照看着孩子，种着七八亩地。村支书语："现在农村人已经不再光靠地吃饭了。"[①]

① 上述三个村子的基本情况基于笔者对三个村子的问卷调查和访谈得来。

第2章　乡村生存方式转型与乡村环境问题

生存方式与环境密切相关。沿着历史的脉络越往前推，这种关联性就越是紧密。在科学技术发展到一定水平之前，当地的自然环境状况和自然资源禀赋直接影响到居住地人们生存方式的选择。这里，生存方式是指在一定的社会历史条件下，人们在处理与自然的物质变换过程中所形成的生产方式和生活方式，以及在此基础之上形成的人与环境之间、人与人之间的关系内容和形态。本文所探讨的生产方式是指在一定的社会历史条件下，人们为了维持自身的生存和发展而谋取必要的物质资料的方式。而生活方式在这里取狭义的理解，即在一定的社会历史条件下，社会中的个人、群体或全体成员在一定的价值观指导下，历史地形成的人类日常生活活动样式。而社会关系则是指人们在生产与生活过程中形成的人们之间的互动关系的内容与形态。村民选择什么样的生存方式会直接影响到农村环境的状况，也会影响到人们对于周围环境的态度。人类与环境之间是一个双向互动的过程。

2.1 传统生存方式与环境保护

2.1.1 传统农业生产方式与环境

传统农业指的是投入现代化的机械动力与化肥农药施用之前的农业。人们的生产技术主要是长期以来在农业生产过程中积累起来的经验。在传统农业生产过程中，主要以精耕细作、小面积经营为特征，不使用任何合成的农用化学品，而用农家肥、粪肥堆肥培肥土壤，以人力、畜力进行耕作，采用人工措施进行病虫草害的防治。传统农业生产方式是环境友好型生产方式。在长期的农业生产过程中，人们因地制宜，合理地利用农业资源，遵守农业生态规律，积累了丰富的生产经验。一方水土养一方人，生活在黄河三角洲冲积平原上的L村人祖祖辈辈拥有资源禀赋较好的土地资源，在生产力水平还比较低下的传统社会，从事农业耕作成为生活在这里的人们的不二选择。

2.1.1.1 20世纪90年代前L村的农耕方式

20世纪90年代以前，L村所在的地区还是以传统农业为主。当地的主要粮食作物是小麦、玉米，此外还种植棉花、大豆、高粱、谷物、红薯、芝麻、蓖麻等作物。这些农作物的种植一般都需要以下农事操作：耕地、平整、播种、田间管理、排灌、收割和场上作业等。村民们使用的劳动工具还是那种从秦汉以来就延续下来的犁、耙、锹、锨、杈耧车、镢头、锄、镰刀、连枷、铡刀、刮板、扫帚、扇车、簸箕、筛子、牛车、马车等农具。所有的生产工具均采用人工或者畜拉的方式操作。

农具作为农民在农业生产中使用的工具必然要与当地的自然条件和劳动状况相联系。在传统农业生产过程中，农业生产动力的来源主要是人力和畜力，由于生产工具的落后，劳动生产效率往往是低下的。村民们抵御自然灾害的能力非常有限，农业生产受当地自然条件的影响较大。L村的一位老民办教师向我讲述起以前的生产劳动过程，那神情好像是打开了他尘封多年的记忆。

那时候种庄稼可真是苦呀！咱们这里缺水，没有水就种不上庄稼。当时人们只能靠天吃饭。可老天总是与人作对，有时候该用水的时候连半个雨点都掉不下来，不用水的时候大雨就哗哗地下，庄稼不是旱灾就是涝灾。生产承包责任制施行以后，村东边的ZHL干沟开挖疏通，人们可以借上黄河水了，日子好过些，但总体还是不行，干旱的年份黄河水也过不来，咱们这里处于下游，水都被上游的截走了，干旱年份很少能够过得来水。早先的时候人们都喝土井（一种砖砌的井，井深一般在十二三米左右）里的水，一个村里就那么一两口土井。地里也有这种土井，不过很少，只限于种菜的地块儿有。那时一说“井上”就知道是菜地。后来发展到有手压井（也叫真空井）、简易机井、深机井，越来越先进，浇地也越来越容易。那时种地可不像现在这么简单，种地是苦力活，地里的活需要壮劳力才能干。不像现在，老人在家里就能把活干了，现在都是用机器，那时干什么都得用人，重体力活用牲口，牛呀、驴啊，入社前大牲口比较少，不是谁家都能有，大部分人家养不起，那时几户人家合着养一头牲口，那叫“插具”①。村集体时期也不多，一个队就两三头。那时

① 插具，也叫“插套”或者“搭套”，是人们为了在耕作时配齐牲畜和农具，在有牲畜农户之间形成的一种互助合作形式，在集体经济时代以前的华北地区比较普遍。

的牛呀就像人们现在家里的农用车，我感觉甚至比现在的农用车对于人们来说还要珍贵呢，好几家共用一头牛。翻地、播种都是用牛拉，没有牲口的家庭就得等着人家有牲口的把活干完了再去借用，农忙时根本等不及，干脆用人拉犁翻地。责任制以后就好多了，渐渐地能浇上地了，种子比以前也好了，庄稼的产量高了，自然也就能够养得起牲口啦，大牲口吃得多，一个五六口人的人家养一头牲口有难度，农闲时就去地里给牲口拔草，钻进一人多高的玉米地里拔草是常事儿，一拔就是满满一大粪筐，背回来压得肩膀通红。这点活不算什么，最忙最累的时候要数过麦秋了。芒种三天见麦茬，节气管着，麦子成熟就是几天的事儿，你得赶紧收，如果晚了，麦粒就掉到地里了，就得减产，所以你得抓紧时间干。麦子成熟的季节天气已经很热了，太阳一出来地下就像是着了火。所以为了趁着凉快干活往往要凌晨三四点就得起床，勤快的家庭有起得更早的，摸黑去地里干活，摸黑不怕，庄稼人都认识自家的地，摸黑都能找到，不会认错。等太阳升起来了，一块儿地就干得差不多了，家里的女人就会把饭送来，吃完饭接着干。那时收割麦子都是用镰刀，一气干下来手都能磨出水疱来。等太阳升高了，天气开始热起来，人们就开始捆麦子，捆好后用小拉车拉到麦场里垛起来。麦场是提前准备好的，需要选择平整开阔的地方，通风要好，便于扬场。压场院可是个技术活，需要泼水、铺上麦秸用牛拉着石磙一遍一遍压，压不好的话将来压场时麦粒就会被压进土里。第二天一早用铡刀把麦穗铡下来，剩下的麦根子晒干了留着当柴火烧火做饭用，麦子要在场里摊晒，要翻好几遍场，直到将麦穗晒得干干的，然后用牛拉着石磙碾压，一边压一边翻，压好后起场（用铁叉）、扬场（用木锨）、垛垛。通常情况下，一个场院有两三户人家插伙（共用），各家的劳动力往往会通力合作，各有各的分工。单户人家的场院就需要老的少的齐上阵，一个麦秋下来一家人都变得黝黑。现在好了，这些活都不用做了，现在都用机器。

传统农耕方式是劳动密集型的生产方式，单位面积的耕地上需要投入大量的劳动量才能维持正常的生产。简单的生产工具决定了人们农业生产劳动的辛苦特色，同时也磨砺了农民坚忍不拔的性格。面朝黄土背朝天，整日困苦劳作的劳动人民，在经年累月的农业生产中积累了丰富的经验与心得，这些经验与心得对于维持农业生态系统平衡具有至关重要的作用。

2.1.1.2　枣粮间作与立体农业种植

枣树和粮食作物间作，是当地劳动人民在长期农业生产实践中创造的成功农作制度。当地人民根据枣树发芽晚、落叶早，枝稀叶少，根系分散，密度低，能充分利用土壤地力和光能，使枣粮间作土地的总产和单产收入均高于同等面积的纯粮食收入。同时枣树具有抗旱涝、耐盐碱、降风速、减少风沙危害、调节空气湿度的特点，能够有效改善生态环境。同时枣树的管理简便，间作田比纯粮田每年多用工三四个。但剪树、开枷、松土、浇水、治虫等用工只占 20%，采收、制干用工占 80%，并且这些工作可由辅助劳力完成。

枣粮间作的密度、栽植的方式和间作物的选择，与提高间作效益有密切的关系。一般株行距为 3 米×（20～30）米，密度每亩不超过 13 株为宜。间作物要选择短干、耐阴、早熟的作物为好，例如小麦、大麦、玉米、谷子、花生等。不宜间作高粱和地瓜。对于新栽枣树的间作地，人们选择短干、有固氮能力的豆类、花生和蔬菜等，这样不至于过多与幼树争肥。

由于当地旱、涝灾害比较严重，几乎每年都有旱情和水涝灾害发

生，因此枣粮间作的种植结构对于当地的农业生产具有较为重要的意义。当地1961年至1964年发生严重的涝灾，使得很多农田绝产，而枣粮间作农田虽然也有减产，但是小枣则有较好的收成。广大枣农用枣、枣叶及糠秕、秸秆混杂在一起，晒干磨面做成“枣糠窝头”或混以少量杂粮蒸成“枣糕”度荒充饥。枣区农民很少出现水肿、干瘦、少儿营养不良、妇女闭经等病，而在非枣区则大量出现这些症状。政府除免费治疗外，用小枣、大豆、杂粮加中药，制成“康复饼”为患者食用，称为“保命丹”①。

枣粮间作属于典型的立体农业种植，该种农作制度能充分利用作物之间的不同特点，采取优势互补，不仅有利于提高单位面积的产量，对于农业生态系统的保持亦起到了一定的作用。

人民公社时期L村开始有枣树种植，主要间作小麦、玉米和大豆，但种植面积尚不占主要地位。20世纪80年代联产承包责任制以后，包产到户，集体的枣树地也承包给个体家庭种植，枣粮间作有了进一步的发展，同时从80年代起人们开始重视经济作物的种植。

2.1.1.3　畜禽饲养与粪肥的利用

20世纪90年代以前，当地的农村家家户户都饲养家禽和家畜，禽畜往往是农户餐桌上的主要肉食来源。个体家庭一般都散养一些小型的禽畜品种，以鸡鸭和猪羊为主，鸡鸭多选择雌性，其蛋可作为家人饮食中的重要蛋白质补充；同时也养有少量的公鸡，留作重大节庆宴请宾客的“美食”。农家以养猪的居多，因为猪不但是重要的肉食来源，同时养猪也是用来制作农家肥的重要手段之一，而鸡鸭产生的粪肥则非常有限。用来堆肥的家畜还有牛羊等畜种，羊是食草性动物，与猪相比食用粮食的量要小得多，因此二者不会形成激烈的争食竞争，一般家庭可以

---

① 山东省LL县史志编纂委员会：《LL县志》，齐鲁书社1991年版，第170页。

同时饲养这两个品种。虽然一只羊产生的粪肥量与一头猪产生的粪肥量相差较大，且羊的产肉量小，但是其经济价值较高。因此，一般家庭都会选择雌性羊常年饲养，一只母羊一年可以产两窝羊羔，一窝一般一两只，多的可到三只。马、牛、骡和驴属于大型畜种，在当地主要用作役畜，由于当地是重要的小麦种植区，小麦的秸秆和麦糠只适合牛这样的杂食性较强的畜种，而其他几个畜种则不能利用，因此牛成了当地最重要的役畜品种，同时也是农家肥的重要来源。

L村20世纪80～90年代以前的农业生产情况与周围其他村落基本无异。村里一位老人向我讲述了他家以前的状况：

> 我家那时（指20世纪八九十年代）一家七八口人，种了有十多亩地，家里养的有猪、有羊，还有十来只鸡。养猪的目的并不主要是为了自家吃肉，一般到过年才杀猪，肉舍不得全都吃了，只是留下一部分过年用，其余的拿到集市上卖掉。养猪不仅能吃肉、赚钱，更大的好处是可以攒粪，种庄稼要上粪，不上粪庄稼就没劲，也就没有好的收成。那时“洋粪货”（指化肥，当地人土称“洋粪货”）不多，即使有也舍不得用太多，没钱买，因此以土粪为主。猪呀、牛啊、羊啊都可以攒粪，那时我家没养牛，就指着猪和羊攒粪。攒的猪粪最多，院子里砌一个大猪圈，挖得深深的，至少也挖两米多深，可也不能太深，太深了到时没有法子出圈（指的是将土粪从圈里挖出来，一般用粪叉，靠人力甩出来）。仅仅靠猪粪是不够的，所以要做土粪。办法是将杂草、麦秸、麦糠等掺土加水制成。一层杂草一层土，一层层垫好了再往圈里注水，猪上去踩踏、拉屎、撒尿，时间长了，土粪就制成了。那时就指着土粪上庄稼呢，那时的人特别珍惜粪肥，那年头经常看到有老头背着粪筐在村里转悠，目的就是拾粪，谁家的牛

呀、驴呀走路时拉（粪便）在路上就肯定会被人捡起来。当时都是这种土办法，不像现在，人们已经不用了，用也没有了，都不养这些了。以前一大清早听到公鸡打鸣你就大概知道是什么时候，现在村里早就听不到鸡叫了。

2.1.1.4　循环式农业生态系统

农业生态系统主要是由耕地、人和经过人工驯化的生物如农作物、禽畜等组成。保持农业生态系统的平衡对于农业的可持续发展和农村生态环境的保护具有至关重要的作用。在传统农业生产中，劳动人民较准确地把握并利用了当地自然环境的规律，不仅将生产与生活中的废弃物变成了生产原料，同时还根据不同动植物的特点进行立体农业生产与家畜的养殖。在充分利用当地自然资源的同时，还巧妙地利用了动植物之间的相互联系进行病虫害的防治，从而使得我国农业生产持续几千年的时间而地力不衰，农业生态系统也长期处于平衡状态（见图 2-1）。

在传统农业社会，人类生存所需要的资料均源于自然又回归自然，如同四季的更替和日月的轮回，如此循环往复、周而复始。虽然自然灾害以及战争瘟疫带来的人口结构的重大调整都会扰乱甚至打破生态系统的平衡，但是灾难一经过去，万物依然有复苏的可能。

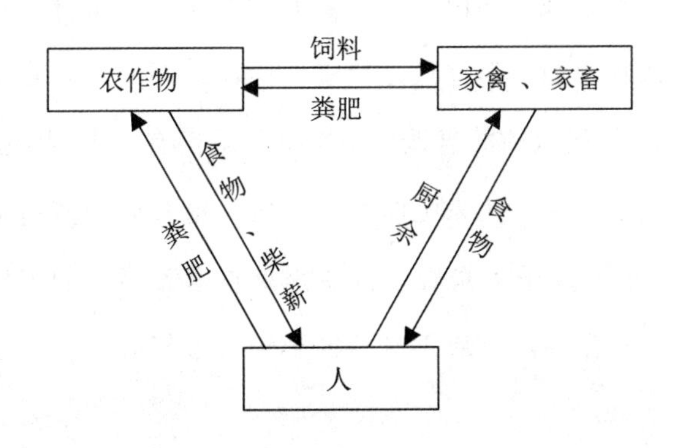

图 2-1　20 世纪 90 年代前当地循环式农业生态系统结构

2.1.2 传统农民生活方式与环境

有什么样的生产方式，必然就会有什么样的生活方式与之相适应。生活和生产之间不仅是本源性和基础性、目的性和手段性的关系，而且在社会发展中都有着各自不可替代的重要功能。生活和生产、生活方式和生产方式的互动生成和互构过程，构成社会发展的动力学系统。① 传统乡村社会受外界的干扰较小，在商品经济尚不发达的情况下基本处于一种封闭、半封闭状态，其生活系统自成体系。

2.1.2.1 饮食与衣着

20 世纪 90 年代前，L 村人吃的都是自家田里生产的粮食，家家户户都饲养着少量的畜禽，平时肉的食用量非常少，只有在重大节庆（春节、婚丧嫁娶）的时日里才可以吃到肉。村民吃的蔬菜也是自己家里生产的，一般都是在自家院子里开出一小块儿地，春天开始种一些菠菜、茄子、辣椒、黄瓜、豆角等蔬菜，到了夏秋季节则可以种萝卜和白菜，由于不同蔬菜的种植季节不同，因此能够轮作，这样可以充分利用有限的土地资源。村民们冬天很难吃到新鲜的蔬菜，萝卜、白菜和大葱是冬季的主要蔬菜来源。为了整个冬天都有菜可吃，人们选择用窖藏的方式来储存白菜。而萝卜因容易失去水分，天气不太冷的时候可以选择土埋，但这只是权宜之计，最好的方式是将这些萝卜腌制起来。90 年代以前的当地村民家里几乎都有一个咸菜缸，就是专门腌制咸菜用的，主要用来腌制萝卜，村民也会放一些白菜帮或者嫩黄瓜进去。“萝卜条子大酱碗”在冬季是农家餐桌上的主旋律。村民食油量不多，饭菜中经常看不到油的影子，过年时富裕的家庭打上十

---

① 王雅林：《社会发展理论的重要研究范式——基于马克思社会理论的“生活/生产互构论”》，《社会科学研究》2007 年第 1 期。

斤油，这已经算是让人不可小觑的开支了。

那时农村的孩子最盼望的就是过年，对于他们来说过年不仅意味着有鱼有肉可以解馋，也意味着有花生、瓜子和糖果这些在平时很难吃到的“奢侈品”。对于孩子们来说，也许更具意义的要数穿新衣服了。年三十一大早，父母就给孩子们换上新衣，有的孩子会因为盼望这一刻的到来而彻夜难眠。村民一般不讲究衣着，也没有太多的款式可以选择。衣服的更替率非常低，一家几个孩子，往往是大孩子穿小了再给小孩子穿，依次更替。实在不能穿的破旧衣服依然有用武之地，妇女们会把这些没用的零碎布料用玉米面糊糊一层层粘起来，铺平晒干，农闲时剪了鞋样儿，纳成鞋底，做成布鞋。传统的布鞋底面都是用布制成的，柔软舒适，透气又好。如今看来像老北京布鞋这样的产品依然有不错的市场，说明传统的东西依然有它的价值所在。

2.1.2.2　居住与能源利用

20世纪90年代前，村民的房子基本属于土木结构。墙体由土坯和了泥土垒制而成，一般厚度在50厘米左右，冬暖夏凉，保温性好于后来的砖瓦房。房子的结构一般以三间居为多，房子坐北朝南，三间房中间一间开门面对天井，是堂屋，为明堂，两侧则是暗间，当地人称里间。堂屋内盘有灶台，北墙下设有一张桌子或者柜子，上面供有家堂。东侧卧室为正房，内盘有土炕，与灶台相通，以便冬季做饭的同时用于取暖。夏天做饭的灶台则在室外，搭一个敞篷用来避雨遮荫。院子大的家户建有耳房，当地俗称偏房，一般为二至三间不等，由于空间的局限，这里比较鲜见三间四耳式的房子。偏房多用作仓房或牲口棚，院子里一般还砌有猪圈。

村民做饭所用能源主要来自于庄稼的秸秆。L村的村民主要种植小麦、玉米和棉花，因此这些作物的秸秆成了日常生活中的主要燃料来源，如果这些燃料不足，村民还会在秋冬季节去田里收集一些杂草，树叶、树枝和树干也是燃料的辅助来源。L 村所在市 90 年代中期才实现户户通电。因此在 20 世纪 90 年代前，L 村村民的照明还是以油灯和蜡烛为主，80 年代末 90 年代初始有电灯照明，但电力供应非常不稳定，时常处于无电状态。

2.1.2.3 生活垃圾及其处理

传统农业社会中的农民生活，由于物质资料的匮乏，生活水平极其低下，勤俭节约是乡村社会极力推崇的美德。极低的生活水平使得村民必须量入为出、勤俭持家。任何形式的浪费都是不被人们允许的。

2.1.2.3.1 生活废水和厨余垃圾的处理

L 村的生活废水主要来自餐饮泔水、洗涤污水和人粪尿，因成分不同，村民的处理方式也不一样。餐饮泔水主要由厨房用水、蔬菜残叶以及食物残渣构成，这些可以作为禽畜的食物，倒入家畜的食槽中，同时由于那时人们的食油量很小，且人们把食油看得比较珍贵，洗刷带油餐具时不会使用化学制品，而是用玉米面或麸皮等擦搓碗碟，再用水冲洗，倒入家畜的食槽中；洗涤用品一般就是碱面，后来有洗衣粉出现，但用量较少，污水直接泼在地上，任其渗入地下，因为洗涤剂含量少，对于土壤的污染不大；人粪尿则倒入猪圈，用于堆肥。

2.1.2.3.2 固体废弃物的处理

村民以前的生活中很少产生固体垃圾，砖头瓦块和碎玻璃在当时也非常少见。人们没有倒掉剩菜、剩饭的习惯，往往是这顿没吃完下顿接着吃，即使偶尔倒掉些食物残渣或者腐败变质的食物，也会有狗、猫等家畜吃掉。再有就是柴薪燃烧剩余的草木灰，村民会把它收集起来，撒入田地，据村民说草木灰可以抗盐碱，改良土壤，这也是实践经验所得。村民穿破穿旧的衣服无须扔掉，可以做成鞋子靴子，

即使破靴子烂鞋也是有价值的，村民将其堆放在一个角落，随时准备卖掉。村民回忆说，那时听到有喊“收破烂，有破靴子烂鞋的卖”，家家户户的妇女们都会走出来，把积攒起来的废品卖掉，虽然所得甚少，不过“块儿八角”的，但人们依然非常满足。在传统社会里，人们的生活中似乎没有什么可以废弃的，万物皆宝，都能派上用场。这与当时的社会经济发展状况相联系，较低的生产力水平没能为人们的生产、生活提供丰富的社会产品，物质产品的匮乏磨砺出了广大农村村民厉行节俭的优良品格。

2.1.3　经济理性与环境理性的契合：传统乡村社会

农民的一般行为是否有理性？这是一个争论已久的话题。韦伯认为处于“传统主义”下的农民其追求的目的不是得到最多，只是为了够用而付出的最少，因此是非理性的。波耶克（Boeke，J. B.）也持有类似的观点。美国学者舒尔茨（Schultz，T. W.）和波普金（Popkin，S.）则反对这一说法，他们认为农民像其他人一样是理性的，即以尽可能小的代价换取尽可能大的效用。[①] K. 阿罗提出用“有限理性”替代“完全理性”，因为经济人假设把人看成是完全理性的，人具备找到实现目标的所有备选方案之能力，并通过预见方案的实施后果而衡量做出最优选择。[②] 事实上，人们面临的是个不确定的、复杂的环境，信息不可能完全，再加上人的计算能力与认识能力也是有限的，因此不可能达到完全的理性。笔者赞同后者的观点：农民是具有有限理性的。而经济理性与环境理性是人的理性行为的一体两面。经济理性强调人的理性行为中的经济目的，重视自然界外在的工具价

---

① 谭千保、钟毅平：《农民的非理性环境行为及其归因》，《佛山科学技术学院学报》2006年第5期。

② 卢现祥：《西方新制度经济学》，中国发展出版社1996年版，第11页。

值，而环境理性则注意到人们所处环境的重要性，注重自然界的内在价值。因此，从定义上来说环境理性是指面对可能造成不同环境后果的经济活动，决策者会选择一个既能有效利用环境资源，同时又有可持续发展性质的方案，实行这个方案将产生较小的外部环境成本。[①]传统社会中，在科学技术尚比较落后的情况下，人们利用简单的劳动工具从事生产，因地制宜地利用当地的自然资源为自己的生存与发展服务，这里因地制宜即是人们的理性选择。

在长期的生存实践中，人们不断地与周围的环境进行调适，从敬畏自然到顺应自然再到利用自然，人类的每一个进步，都是人们理性计算的结果。在人口众多、人均耕地资源相对较少的地区，人们发展了精耕细作的农业生产模式，并根据农作物的特点调整种植结构使其不断地趋于合理化，使土地资源可以达到最大限度的利用，这都是出于理性的考虑。但这并不等于他们也选择了投入量少，事实上，精耕细作的农业技术是以大量的能投为基础的，这里的能投指的是劳动力的投入，人们之所以没有选择广种薄收的粗放式经营方式，是由自然资源禀赋和现有的人口状况所限制和决定的，因此说人的理性选择会受外界条件的制约。

L 村所在地区的农耕方式属于精耕细作的生产方式，落后的生产工具使得现有的劳动力只能投入到有限的土地上去。人们用人力或畜力犁地，用点种的方式节省种子，用水桶和木勺浇灌禾苗，用锄头给禾苗除草、松土和人工捉虫，饲养牲畜不仅仅是为了提供劳力，也是为了积攒肥料，培肥土壤，立体化的枣粮间作充分利用现有的土地。在日常生活中，村民也是勤俭节约，注重现有资源的有效利用，将无用废弃物降到了最低。这一切都是经过了理性的筹划和算计的，为的

---

① 萧正洪：《传统农民与环境理性——以黄土高原地区传统农民与环境之间的关系为例》，《陕西师范大学学报》2000 年第 4 期。

是达成各种现有资源的有效配置，以使得其生活在当时的条件下得以正常运转和顺利维持。从经济学的角度来讲，农民的行为可以说是具有经济理性的，因为他们想方设法在有限的土地资源上获得最大的产出；而从资源利用的角度来看，选择精耕细作农业技术的农民亦具有环境理性，因为他们不仅仅在向土地索取，他们同样注意到土地资源的保护，能够做到取之有度，并将生产和生活中的废弃物循环利用于自然界，以保持农业的可持续发展。当然，我们必须认识到这些都是在生产力不发达的情况下做出的行为选择。在这里经济理性与环境理性不期而遇了，人们在进行经济理性的考量时，也同时达成了环境理性的目标。因此在某种程度上，我们说传统乡村社会是经济理性与环境理性相契合的社会。或者，从本质上来说，人们的传统生存方式具有环境友好的面向。

2.2　现代生存方式与环境污染

在环境问题的研究中，经济学界有一个著名的环境库兹涅茨曲线理论。该曲线的含义是，在经济增长、产业结构和技术结构演进的过程中，资源与环境问题先出现逐步恶化的特征，然后再逐渐减少直至消失。然而，这里需要特别强调的是，经济增长与资源、环境之间的关系并非一定表现为从互竞互斥到互补互适。由图 2-2 可以看出，只有环境恶化被控制在一定的值阈之内，如图中的曲线 C，经济增长与环境问题之间才会表现为“倒 U”字形曲线关系，若环境恶化超越环境不可逆阈值，如图中的 C'，这种“倒 U”字形曲线

就不存在了。[①] 虽然库兹涅茨曲线只是一个假定，是对某些国家环境变化的反映与描述，但它正在被一些国家的经验数据所证实。目前，我国乡村社会正处在由传统农业向现代农业发展的转型加速期，技术的进步与产业结构的调整，带来了农业生产方式的重大变革，与农业生产方式相联系的农民生活方式及乡村社会关系也随之面临巨大的转变与调整。与农村经济快速发展相对应的是农村环境问题的急剧恶化，农村环境的破坏率正在冲向生态不可逆阈值的上限。

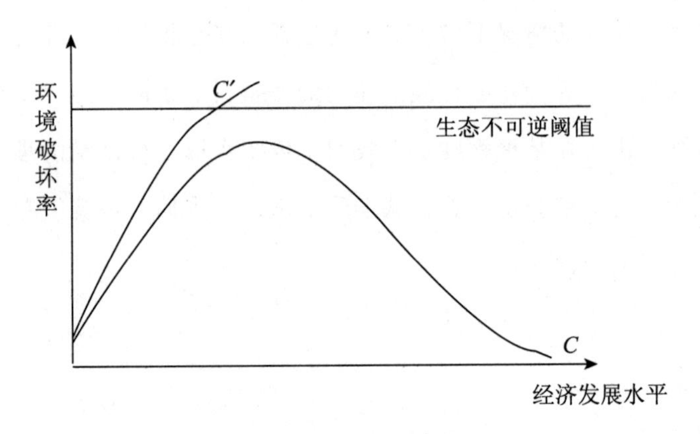

图 2-2 环境库兹涅茨曲线

2.2.1 现代农业生产方式与环境

农业生态环境是脆弱的，其环境的承载力也非常有限。自农业实现了由传统向现代的转型以来，以高度集中、高度专业化、高劳动生产率为特征的现代农业大发展，随着人们对产量的高度追求，农业生产越来越依赖于机械、化肥、农药、地膜等作为调控机制成为世界农业发展的主流。现代农业在一定时期为解决人们的温饱问题做出了重要贡献，但这种以重开发轻保护、重生产轻管理、重产量轻质量、重

---

① 徐晓霞：《农业环境污染问题的经济学分析——兼论农业绿色补贴效应》，《山东财政学院学报》2007 年第 4 期。

效益轻环保和高投入高产出为特征的农业生产方式使得农业生态系统遭受巨大破坏，产生了诸多环境问题，如土壤退化问题、食品安全问题、环境污染问题，等等。

2.2.1.1　农业生产方式的工业化

据 L 村村民讲，自 2000 年以后，当地的农业生产工具发生了重大的技术变革，传统的农业生产工具渐次退出历史舞台。农具是农业文化中的一个重要因素，农具的重大变革，必然会带来农业生产效率的巨大改变，对于农业生产的节奏产生重要影响。

如今，各种大中小型的农业机械化设备在 L 村所在的市普及开来，农业动力机械设备的拥有量迅速提高。全市耕地面积基本实现机电化排灌，由拖拉机带动的大中小型田间作业配套机械有犁、旋耕机、耙、播种机、铺膜机、化肥深施机、悬挂式和自走式联合收割机、青储收获机、秸秆粉碎还田机以及田间管理机械（机动喷雾机），农业生产基本实现了机械化作业。农业产前和产后服务工作正在与农业生产发生分离，传统农业内部的分工加剧。

往日需要有极大的劳动力投入才能完成的农活，现在变得异常轻松起来，只需要由家中的老人照看就可以完成。所有农活都可以通过购买专门的农业服务项目来完成。农业劳动生产率的提高与分工的加速使得广大农村剩余劳动力从农业生产体系中分离出来，解放出来的劳动力陆续向第二、第三产业转移。劳动力的大量转移带来了许多社会问题，空心村问题、空巢老人问题、留守儿童问题，等等。不仅如此，机械化的推广还促使农业资源浪费增加，传统农业精耕细作的农业生产方式向粗放式经营模式转变，自我中心主义、经济至上主义的观点开始盛行。为了便于机械化作业，农业种植结构开始变得单一，不同作物之间的优势很难发挥，同样也会使得病虫害的防治更多地依赖于农药。

L 村的粮食种植面积较少，仅有 172 亩，只占全村耕地总面积的

20.5%。近年来耕作基本实现了机械化作业，该村剩余的79.5%的耕地都是枣林，由于近年来劳动力向第二、三产业的转移，人们基本放弃了枣粮间作方式，为了提高单位面积的产出率，L村人选择了密植枣树。机械化的采用，使得牛、驴等役畜再无用武之地，同时随着人们粮食种植的减少，一般家庭也逐渐放弃了各种家畜的饲养，农肥失去了原有的来源，这就使得人们更加依赖于化学肥料，从而加剧了对于环境的污染。由此，传统农业生态系统的循环出现断裂，至少在L村小范围内是这样。

2.2.1.2 L村种植结构的调整

据L村的老支部书记ZJK回忆：L村在20世纪80年代初以种植小麦、玉米为主，种植面积占总耕地面积的80%左右，其耕作制度属于一年二作，即冬小麦—夏玉米。其次，枣林面积占总耕地面积的25%左右，当时枣林中间一般套种小麦、玉米、大豆等作物。此外，还种植一些高粱、豆子、棉花（一年一作）等，约占种植面积的10%。80年代中后期，L村人开始重视经济作物的种植，随着植棉效益的不断提高，棉花的种植面积不断增加，小麦、玉米等作物有所减少。到了90年代初，棉花的种植面积达到最高峰，一度占该村耕地面积的30%～40%，枣林种植面积发展到32%，小麦、玉米占40%左右，高粱已经不再种植，而豆类、花生只有少量种植，且均在枣林套种。棉花的病虫害主要是棉铃虫，对于棉花的影响最大，由于长期喷施农药，棉铃虫的抗药性增强，棉铃虫的大面积爆发使棉农遭受重大经济损失，90年代中期以后棉农的种植积极性普遍降低，棉花种植面积下降到只有4%，在此期间，枣林面积进一步扩大，2000年以后发展到占耕地总面积的85%，近年来有所下降。

从以上的发展脉络可以看出，L村的种植结构在不断调整之中，尤其是棉花的种植面积先后出现重大调整。之所以如此，可能主要有

以下两种原因：其一，棉花种植面积的迅速提高在某种程度上源于经济发展的刺激；其二，棉花种植面积的大幅度滑落则是与棉铃虫的大面积爆发且因抗药性增强而难以防治，从而导致作物的减产有着必然的联系。此外，种植结构的调整还会受到国家农业政策的深刻影响。这与全市棉花种植面积形成呼应与对照（见图 2-3）。

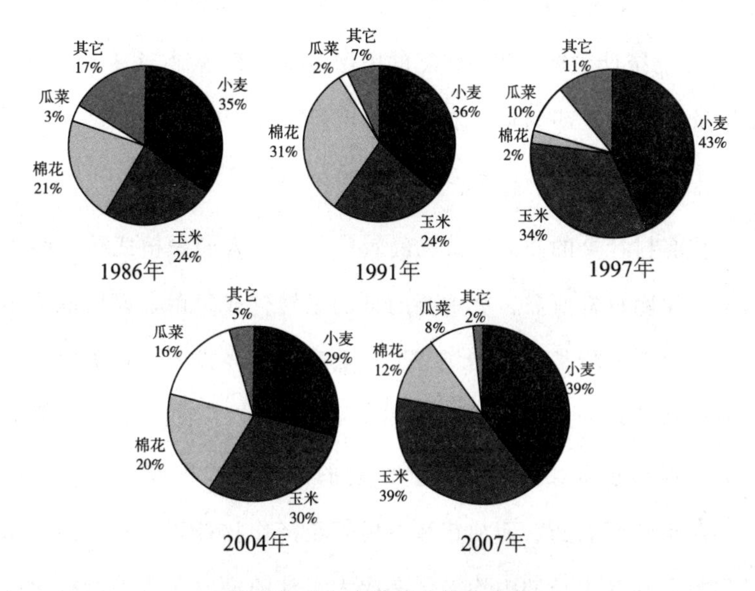

图 2-3　LL 市种植业结构变化

（注：本数据来源于 LL 市统计年鉴）

2.2.1.3　掠夺式农业生产的形成

现代农业技术的推广，使得农村经济获得了一定程度的发展，但与此同时，物价上涨，劳动力的成本也在不断攀升。再加上商品经济的发展，使得人们的日常生活开支日益增大，耕地以往的产出效益已经远远不能满足村民的需要。人们开始借助现代的科学技术来加强对土地资源的掠夺性使用，如通过化肥代替粪肥提高土壤肥力，以农药来代替生物和人力控制病虫害的发生，以除草剂来代替手工劳动处理田间的杂草，以地膜来改善地表温度，促进和加速植物的生长发育。

所有这些手段在短期内使得单位面积的耕地产量迅速提高。广大农民尝到了“科技”带来的甜头，但由于缺乏环境知识，村民们对于这些化学试剂所带来的危害往往缺乏足够的认识，甚至在一段时期内，村民们认为单位面积内投入化肥的量越多，庄稼的收成就会越高。由此造成了盲目的过量乱投乱用化学试剂，给农业生态系统造成巨大的扰乱与破坏，大气、土壤、水体被严重污染，对人体健康形成潜在的危害。根据2009年的统计数据，我国化肥的施用总量已经达到5404.4万吨，地膜施用量约为112.79万吨，农药的使用量约为170.90万吨①。

（1）化肥与农药的使用

现代乡村社会的商品经济已经较为发达，人们种植庄稼已经不仅仅是为了家庭日常所需，更重要的目的是转化成货币，以换取更多的商品来满足日益增长的消费需求。“重产出—轻投入，重无机—轻有机，重用地—轻养地”的农业经营理念，加速了农民对于土地的掠夺。为了提高小麦、玉米等粮食作物的产量，农民都大量地施用化肥，同时也喷洒农药。而棉花和枣树等经济作物都属于对农药需求较高的作物，在其生长期内均需要多次大量地喷洒农药来控制病虫害的发生。L村的村民谈起病虫害的发生感慨地说：

> 现在科技发达了，但病虫害反倒多了！以前那时候庄稼根本不用农药，问题也不大，那时候庄稼最多也就生个腻虫，人们那时就是用点儿肥皂水、石灰水冲洗。我们这里种棉花，早些时候棉花生腻虫②了，人们提着水桶，水里堆些肥皂水或者石灰水，

---

① 国家统计局环境保护部编：《中国环境统计年鉴2010》，中国统计出版社2011年版，第189—190页。

② 腻虫又称蚜虫、蜜虫等，多属于同翅目蚜科，为刺吸式口器的害虫，常群集于叶片、嫩茎、花蕾、顶芽等部位，刺吸汁液，使叶片皱缩、卷曲、畸形，严重时引起枝叶枯萎甚至整株死亡。蚜虫分泌的蜜露还会诱发煤污病、病毒病并招来蚂蚁危害等。

拉着棉花棵，往水里蘸，也管用。后来棉花种得多了，也治不过来了，人们就开始喷农药，什么敌敌畏、杀灭菊酯、乐果等，都用。再后来棉花上开始生棉铃虫，少的时候人们用手拿，妇女们每天都去地里捉虫子。但是那棉铃虫可太厉害了，农药也治不住，几乎几天喷洒一次，人都中毒了，虫子却没事。那时候经常有喷药中毒的，药的毒性太强，不小心喷到自己身上、脸上的，皮肤又红又肿。棉铃虫一期一期地爆发，人们大量喷洒农药治不住，就又去地里捉虫，一块儿地还能捉到好几百条。棉铃虫幼虫在叶上，长大点就钻进棉桃里，把棉桃都吃空了，农民们那个心疼呀，可是怎么也没办法，一年到头白忙活，到头来没有多少收成，最后大家干脆都不种了。近些年来研发出了抗虫棉种，比以前好像强多了，反正我们这里是不种了，有的人家种点儿也是自己用，为的是做几套被褥或者棉衣什么的。现在大家都种树，枣树、杨树，我们村大都是枣树地，不过枣树的管理也麻烦，麻烦就麻烦在打药上了，从没发芽就开始用药，一直到小枣快成熟了，不停地打药。主要是枣树的毛病（病害）太多，什么枣尺蠖、枣黏虫、桃小食心虫、红蜘蛛、炭疽病、缩果病等，太多了，这还只是拣着主要的说。好在是现在喷药用机器了，要是像以前那样背上个手动喷雾器，那得把人累死！最近这些年枣树不行了，没有多少收成，枣树保不住果，不知道什么原因造成的，可能是病虫害、也可能是天气影响的，大家都反映现在种枣树不行，收成不好，不赚钱。现在村里有的人干脆把枣树扔下不管了，干别的。有的人家把枣树刨了，改种小麦、玉米，也有的改种杨树，杨树不用怎么管，但也有病，前两年咱们市倡导植树，再加上外出打工的多了，管不上地的人家干脆就种上了杨树，杨树一多又发生“美国白蛾”，很严重，飞机都来散药了。

从村民朴实的叙述中，我们不难看出当前农村问题的严重性，农药越用越多，病虫害却越来越重。据有关统计称，作物上喷洒的农药大约仅有1%接触到目标害虫，而绝大部分农药残留在土壤、水体、作物和大气中，这必然会造成对粮食、蔬菜以及大气、水体、土壤等环境要素的污染。村民们注意到近些年来，当地有些种类的昆虫及鸟类正在减少乃至消失。20世纪八九十年代，春初柳树发芽的季节，土里会爬出黑壳的甲虫，多的时候柳树的嫩枝条上会密密麻麻地落上一层，如今已经见不到这样的景象了，人们也说不清这种甲虫是从什么时候开始消失的；以前麦收季节就开始听到蝉鸣，麦子秋收过后更是有大量的蝉蛹从泥土中钻出，爬到树上蜕变成蝉。蝉蛹最受孩子们的欢迎，他们对于找蛹、捕蝉乐此不疲，炸蝉蛹也是孩子们的一道美餐。然而近年来，蝉越来越少了，孩子们再想把找蛹、捉蝉当作一件乐事已经很难了。这里的人们逐渐发现黑甲虫没有了、蜻蜓不见了、蝉鸣也不再震耳欲聋，这里的春天也在开始变得寂静起来，而且已不仅仅止于春天。拉舍尔·卡逊早在20世纪60年代发出了警告，然而悲剧依然在21世纪的今天上演着。到目前为止，科学界依然找不到农药与化肥等化学制剂的使用与癌症等并发症之间的证据，或许生命的代价是不足为证的。

(2) 地膜覆盖

农用塑料地膜具有保温、保墒、防霜冻等作用。我国于1978年从日本引进该技术，截至到2009年我国地膜覆盖面积已达到15.50×10^6 $km^2$①。地膜覆盖栽培技术的应用大幅度提高了农作物的产量，在一段时间内促进了我国农业的快速发展，因此地膜的使用曾被称为农

---

① 国家统计局、环境保护部编：《中国环境统计年鉴2010》，中国统计出版社2011年版，第190页。

业生产的一场“白色革命”。然而现在，它却转变为“白色污染”而遭人诟病。因地膜回收率很低，大部分残留在土壤里，导致土壤的水分传导、贮存等功能下降，从而影响植物根系的生长发育、水肥吸收，并导致作物减产和农产品品质的下降。L 村所在市是农业大市，作为该市的支柱产业，为了大力发展农业生产，地膜覆盖栽培技术同样受到了广大农民的青睐。由图 2-4 我们可以看到，自 2004 年以来，在全市范围内农用塑料地膜的使用量在迅速攀升。地膜在给人们带来收益的同时，也产生了困扰农民的若干问题。L 村的一位村民如是说：

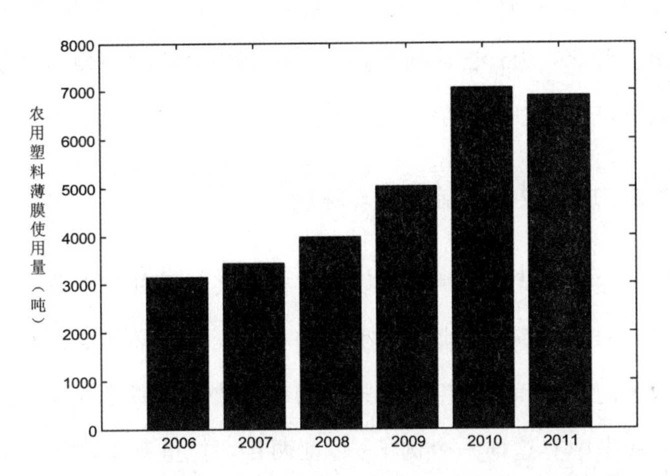

图 2-4　L 村所在市 2006—2011 年农用塑料膜使用量统计

（注：图中数据的来源为 LL 市历年统计年鉴）

地膜是个好东西，可以提高地表温度，利于作物快速生长，增加庄稼的收成。可是这个塑料太薄了，很难回收，风吹日晒的基本都烂在了地里，就是想收也收不起来。况且人们也嫌麻烦，干脆不管。后来人们才慢慢发现，这塑料烂在地里会引起麻烦，塑料既不透水、也不透气，时间长了积攒得多了对庄稼的生长就有影响了，就把大点块儿的收起来。这种塑料买的时候挺贵，可是烂了以后就没用了，收废品的也不要这个，堆到哪里都碍事，干脆烧掉。人们虽然也知道这个东西对地不好，但是为了高产，还是用。听说这个东西多少年在地底下都烂不了，我估摸着也用不了多久了，时间长了庄稼就得出问题了。

从这位普通农民的一席话中，我们似乎弄清了一个事实，现在的农民并没有城市人所认为的那么愚昧，他们也懂得地膜等现代科技产品对于土地的危害，只不过不是像我们那样以理论论述，他们是在实践中悟出了问题的所在。可是道理再明白、再清楚也是枉然，他们也需要“发展”，需要通过多种多收庄稼来填充自己一直都瘪瘪的腰包，选择利用“科学”为自己谋福利是村民的理性，这种理性搭上了商品经济发展的快车道，而其手段依然是外界赋予的。

2.2.2 现代农民生活方式与环境

农民的生活方式、生活秩序以及乡村社会关系都与农业生产工具产生不可分割的联系。农业生产工具的重大变革，必然要引起乡村社会生活秩序的变动和人们生活方式的调整与改变。费孝通先生在《江村经济》一书中有这样一个例子：“前两年，村里有了两台动力抽水泵。然而，这种机器尚未被普遍采用，主要是因为使用机械而节约下来的劳力尚未找到生产性的出路。从村民的观点来看，他们宁愿使用旧水车，不愿缴纳动力泵费用而自己闲搁数月。有些人告诉我，那些依赖动力泵灌溉的人，自己没有事，便到城镇的赌场去赌博，害了自己。”[①] 这个例子说明，新的生产工具的突然引入会对原有乡村社会秩序产生扰动，同时也说明生产工具的使用必须与当地的生产力发展水平相适应。费先生所举之例发生在 20 世纪 30 年代，距今已有七八十年的时间了，在这一段时期内，中国的乡村经济获得了快速的发展，

① 费孝通：《江村经济》，上海人民出版社 2007 年版，第 130—131 页。

中国的乡村秩序也经历了众多次这样的扰动与调适。如今的乡村社会已经今非昔比，工业化、城镇化步伐的加快大大增强了对农村剩余劳动力的吸纳能力，农民们已经不必再将省时省力的农用机械拒之门外，江村经济里的“懒汉”摇身变成了如今城市里的“农民工”。农业生产面临巨大转型的同时，农民的生活方式及乡村社会关系也在发生着悄然的改变。

2.2.2.1　饮食与衣着

2011年，L村所在市农民的日常生活消费支出中，食物方面的消费占39.2%（见图2-5），如果依照国际标准，恩格尔系数低于40%属于较富裕的状况，那么该系数应该可以说明当地农村居民的生活水平已经显著提高，且消费趋于合理。但需要说明的是，单纯从恩格尔系数来看，并不能看到问题的全部，如果看一下农民的各项消费数据，应该可以清楚地了解农民现在的实际消费能力并没有达到较理想的程度，依然处于较低水平。不过通过在L村的调查了解，我们可以看出，目前村民的生活水平较20世纪90年代前确实有大幅度提高。人们已经不愁衣食。冬天的餐桌上已经不再只有“白菜疙瘩萝卜条”，严冬季节新鲜的蔬菜瓜果在农民家也是常备之物，猪肉、羊肉、禽肉和蛋类已经是日常生活的普通饮食，不需要等到节庆才可以购买。与以前还有一个不同那就是不仅仅在冬季，即使是夏季人们吃的蔬菜瓜果也主要是通过在市场上购买得来，甚至包括粮食，L村的多数家庭已经不习惯自己蒸馒头，人们吃的所有食物几乎都是通过市场渠道购买。即使有的家庭还种有粮食作物，但他们通常会把粮食卖掉，用钱再去换回馒头等主食。人们开始变得会享受生活，或者有人把这种表现视为慵懒，但我们也可以当作是村民时间资源的重新配置。村民的生活不仅只有农业劳动、衣食和睡觉，村民同样要从事非农产业，要娱乐和社会交往。

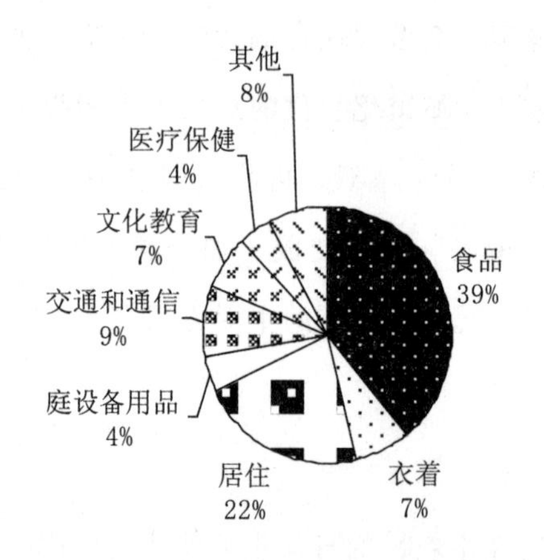

图 2-5 LL 市农民家庭人均全年生活消费支出比例

（图中的数据来源为 **2012** 年 LL 市统计年鉴）

如今村民的服饰样式已与城市人无太大差异，所不同的也许只是品质。爱美是女人的天性，所以不仅城市女人，农村的女人亦然如是。或许老年人还惯性地保留着以前勤俭持家的优良传统，每个季节能够换一套新衣基本也就知足了，可是年轻人是不甘于此的，她们的衣箱里也会时时翻新，亦如城市女人。时髦的农家女偶尔也敢尝试网上购物，当然这只限于极少数“90 后”的年轻一代。如今的农村旧衣服也是“推销”不出去的，因为农村也在响应党的号召实行计划生育，虽然大多数家庭都不止一个孩子，但是性别多是不同的。即便是相同，村民们也似乎已经不差孩子的衣服钱了。大堆的旧衣物堆在那里，已经没有人再考虑做鞋子、靴子，这些都是要到市场上去买的东西，“如今谁还穿布鞋?!”而这些用过后再无人问津的旧衣物因多是化纤制品，其回收利用的价值也不像以前的纯棉布衣物，可以被收废品的低价回收利用。目前很多家庭都存有大堆的旧衣物，既卖不出去，又无人使用，成为潜在的垃圾。由于人们尚且保留有一些传统的节俭之风，认为这些完好的衣物扔掉可惜，所以还大都存留在家里，但终有一天，农家的衣柜里将会衣满为患，村民最终不得不将这些垃

圾投放到自然环境中去。目前，已经发现有人将废旧衣物投扔到田野和沟壑之中。这些垃圾在自然界中都很难降解，其对环境的负面影响可想而知。

2.2.2.2　居住与能源利用

与20世纪90年代前的景象不同，现在村民的房子是一色的砖瓦结构。房子也不再是三间，那会显得太过局促了，盖新房至少也得五间六间，七八间的房子早已不再鲜见。新房需要宽敞明亮，地基也是越垫越高，这早已是村民们内心不成文的规则。这里同样体现了乡村人盖房行为背后的“礼治秩序”。在这一点上，中国乡村社会的农民或许是有共通性的。那些把自己房子盖得又高又大的村民出于三种动机：一是为了争面子，不愿意输给别人，“你盖得好，我比你盖得更好”；二是为了压别人，“如果我家房子不如人家的高，就会感觉受气，有种被压着的感觉”；三是为了实用的目的，由于当地属于自然灾害频繁发作的地区，尤其是涝灾，对于当地人的危害非常大，如果周围人家的地基高而自家的地基低，就有被大水浸泡的危险。访谈中我听到了这样一件事：W老汉告诉我，他家的房子盖了五间，是90年代初盖起来的，当时村里与他家差不多同时盖房子的还有一家，这两家在该村属于有名的万元户，村里人都议论要看看他们两家谁家的房子盖得更好。（说起这些，老汉的表情中流露出一丝骄傲的神情。）当时他家地基打得很高，是石头座底的，大石头运来，找人专门凿成长方体，房子盖起来宽敞明亮，起脊挂瓦，在村里是独一无二的。后来盖新房的越来越多，到了2000年以后，这所大房子已经成了村里的普通住宅。让老人不能容忍的事情发生了，在他家屋后，一套新的房子盖了起来，房子宽敞明亮，虽然由于地基的局限也是盖了五间，但地基却比他家高了不少，房子地基高还不算，就是连同天井（院子，当地人称天井）也被垫得高高的，把老人家房子底座的两层石头都埋了起来，老人见了很憋气，但想到自己盖得早，人家刚刚盖房必然要垫得高（似乎这成了默认的规则），也没好说什么，况且前后邻居关系一直处得很好。老人只是过去提了个醒，别把走水的排水沟修在他家后墙下，当时那家的年轻人满口答应，但后来还是修在了那里，当地人习惯于将排水沟修到院子靠南的一角。这样，几个雨季过后，老人发现他家的后墙碱上来一米多高，墙皮脱落。老人再也压抑不住内心的怒火与那家人争吵了起来，从此两家不再交往。在向我叙述这件事情时老人依然愤愤难平，他告诉我："按理儿我们两家还是本家，还没有出五服呢，却做出这样缺德的事情来。"老人说他家的房子盖得早，质量也盖得好，要不然早就不行了。不过老人说他孙子可能会在近几年将房子拆了重新盖。这种现象在当地是非常普遍的，人们有了钱就会想到要翻盖房子，房子的好坏往往可以体现一个家庭的经济实力，是农村人的"门面"。而现在的房屋拆迁不比以前，拆房会产生大量的建筑垃圾，需要占用一定的空间。

现在，L村村民的日常生活已离不开电，电灯、电话、电视机、电冰箱、电磁炉、电动车、饮水机、洗衣机、电风扇、空调一应俱全，甚至电脑的普及率在L村也达到了相当高的水平。人们已经不用柴草做饭，燃气灶和电磁炉是做饭常用设备。火炕换成了双人床，冬天取暖需要烧煤。在村民的生活消费中，冬天取暖用的煤钱是不可以小看的一笔开支。而这些产品的使用和废弃对自然环境都会有重大的影响。一位村民笑着对我说："城里人有的我们都有，城里人没有的我们也有（庄稼）。"

如今的乡村已经不是我少年时代的乡村了，生于斯长于斯的我已经对它感觉陌生，但似乎又依然熟悉，在这里我寻到了于城市中生活的影子。

2.2.2.3 制造垃圾

漫步在乡间的小路上，这里一堆、那里一片的是人们今天所称的“白色垃圾”。这些白色垃圾不仅仅是在村民的农业生产中被制造出来的，同样源于人们的日常生活。村民在商店里购买的馒头、从市场上购买的蔬菜都是带有一次性塑料袋的，更不用提孩子们的零食，花花绿绿的塑料包装袋。以前，当地人走亲访友会带一个竹篮，里面盛满自家蒸的包子，外面扎一条色彩鲜艳的大毛巾，这已经是很像样的礼品了。如今不同，带箱牛奶是常见的，而带袋水果也是必需的，还有什么麦片、豆粉、饼干、点心等等，这些都离不开包装，包装也多是塑料制品。这些塑料制品最终变为成堆的垃圾，再无人问津。

村庄的固体垃圾不止“白色”的，红的、黑的、灰的、金色的、透明的，样样都有，五花八门。碎砖头瓦块、废旧电子元件、废电池、碎玻璃这些都属于已没有价值的东西，按照村民的惯习，当然是随便扔到哪里。20 世纪 90 年代以后，人们的生活好了起来，餐桌上的剩饭剩菜也就多了起来，高兴了可以不吃，残羹冷炙的扔了也罢，村民也开始变成“不差钱儿”的那种。然而，村民的家畜已经逐渐没有了，它们都跑到了大型的养殖场里，因为那里的饭食要好，有激素可以吃，长得快！于是村民的食物残渣胡乱丢弃，而养殖场里动物排泄的大量粪便也由于种种原因来不到村民的田里。

污水在村里人看来更算不得什么，因为上有天、下有地。水可以蒸发，亦可以下渗，随手倒掉的污水，片刻就可以消失。人们学得越来越“讲究卫生”了：蔬菜吃前一定要多洗几遍，因为有农药；碗碟用后一定要多刷几遍，因为有食油；多洗几遍依然不放心，可以加餐洗净；早上起床洗脸要用洗面奶，洗手要用肥皂；衣服脏了要用洗衣粉；身上脏了要用沐浴露；头发更是离不开洗发水。

现在农村的污水产生量并不亚于城市，然而农民的处理方式却很简单，一泼了之。没有污水收集设备，更没有污水处理设施。农村的生活污染已经成为影响周围环境的关键因素之一，并且随着人们生活水平的提高而日益加剧。

2.2.2.4 消费文化的兴起

一定的消费文化是与一定的生产力发展水平相联系的。凡勃伦在1899年出版的《有闲阶级》一书中提出炫耀消费理论。他认为“用有意脱离生产活动来表现自己拥有财富和权力的有闲阶级的消费就是炫耀消费”。“他把炫耀消费定义为这样一种类型的社会行为，即通过消费让他人明了消费者的金钱力量、权力和身份（消费者的社会经济地位），从而使得消费者博得荣誉，获得自我满足的消费行为。消费在这里的意义已经不是单纯的个人为了满足生理需要而对消费品的消耗，它包括了个人为获得社会认定所进行的非生产性支付。凡勃伦认为炫耀消费水准具有不可逆性。”① 在当前的乡村社会，在L村村内，我们发现一些现象虽然严格按照定义来说算不上“炫耀消费”，但毫不夸张地说这类现象已经形成一股“炫耀”的暗流，在当今的乡村社会里涌动。

现代化和城镇化的加快发展带动了农村剩余劳动力的快速流动与转移，村民之间的社会经济地位发生分化，以往同质性较强的村民群体开始向异质性转变。随着经济条件的改善和社会购买力的增强，人们具备了建构自己社会地位的外在条件，开始注重个人社会地位的提升与认定。财富、职业和声望是衡量一个人社会地位的重要指标。在职业分化尚不够明显的农村社会，声望的获得也需要其他手段才可以达到，只有财富的“炫耀”才更具有可操作性，因此人们争先恐后地通过消费能力来建构自己的社会地位，以期获得周围群体的社会认同。

① 彭华民：《炫耀消费探析》，《南开经济研究》1999年第1期。

(1) 家用汽车

L 村村民汽车拥有量已经达到非常高的程度，151 户家庭共拥有汽车 81 辆，平均每百户家庭拥有汽车 54 辆。汽车的高拥有量与该村的产业密切相关，从这一点上来看似乎汽车的购买只能算是生产经营性投资，并不属于享受型的消费。但事实上，该村从事加工业生产经营的家庭只占 27%，即使一家中存在拥有两三辆车的情况也不会只用于生产经营，代步工具无疑是其中一部分人的选择。汽车作为代步工具是农村人经济地位和社会地位的象征。90 年代初对当地的农村村落来说，如果有一辆汽车驶入，就会让全村人为之侧目，而如今汽车已经进入普通人的家庭，不仅是中低档的农用汽车，作为代步工具的家用小轿车也已经越来越成为年青一代富裕农民的新宠。

以前我们买车主要是为了拉东西，通常都买带斗的农用车，要自己开车到很远处去收购肠衣原料，还要去河北、天津交货。现在不同了，货物运输交给了大型的运输公司，我们只负责接货就行了，最多就是跑跑短途，接来的货被储存在冷库里，一次性能够储存长达一年的货，现用现取就行了。现在人干什么都图方便，干什么都开车去，你只要有了车就用得多，就像以前有了摩托车就不愿再骑自行车一个道理。去市里购物，去亲戚朋友家串门，甚至接送孩子上学，特别是冬天，或者下雨的时候，怕孩子受罪，干脆开车送去。现在的年轻一代更是想得开，买个小轿车开着，图的就是好看，就是享受。现在年轻人结婚，条件好的家庭就买小汽车给闺女做嫁妆。当然条件还是和城里人没法比，买不起太贵的，一般也就四五万块钱的那种。

L 村的情况也许有人会认为因该村经营结构的特点而应归为一个特例。这乍看来似乎是有一些道理，然而事实并非如此，周边其他村庄的年轻人大都外出打工或者做生意，他们当中购置汽车者也不在少数，只不过汽车也在外地，但人是当地的人，这一说法到了春节前后看看乡村的道路上，再看看该市的街道上就可以得到明证。每逢节假日，特别是春节长假，L市内汽车拥塞，比北京市交通拥塞更甚。原因之一是外地打工人开车返乡涌入市里购物；原因之二是L市内道路相对狭窄，停车位少，车辆乱停乱放，导致秩序混乱，难以行驶。

（2）争地与建房

当今的中国，房子才是农民社会的财富象征。在当下城市化和耕地日益消失的地区，这种说法更言之有理。[①] 城市化浪潮在全国涌动的余波已经波及L村所在的地区，信息社会时代的乡村社会已经不再闭塞，他们不仅知道自己乡镇与周围乡镇有多少村落已经因规划新农村而被搬“上楼”，他们同样知道这些人接受购买新楼的同时，拒绝出让旧宅的情况。这对他们无疑形成了一种刺激——更多的土地意味着更多的财富。于是争地的争地、占地的占地、建房的建房。拆房、建房的热潮正在各地如火如荼展开。

对于大多数无法抢占、也没得抢占土地的人来说，建房是他们理性的选择。在自家原有宅基地上重新翻盖住房，顺便将属于自家范围的边角地块儿圈入其中是合理的，也是明智的。一位正准备翻盖房屋的村民这样描述当前的新农村建设进程：

> ZD村（本乡）规划新农村，国家标准，倒出一亩地，给支书十万元；一亩地给村民几千块钱谁动啊，楼房盖起来了，但是村民没有动。再比如DMJ村（外乡）规划新农村，盖的所有的楼都卖了，但老房子不扒。我外甥女家四间屋还有院子，开始给

① 朱晓阳：《地志与家园：小村故事（2003—2009）》，北京大学出版社2011年版，第123页。

五万块钱不卖，现在给七万也不卖，留着。如今老百姓不怕当官的。

本文无心评价规划新农村政策的是非曲直，只在于反映当前社会形势下乡村社会中的村民心态与乡村环境之间的关系问题。在这里我们可以看到，按照当前的情势，新农村建设还远远达不到规划者最初设计的初衷，新的耕地资源不断被占用，而原有的宅基地又很难抽回，在各方利益相关主体的自我利益争夺与权衡中，资源正被不断地被挥霍和浪费掉。

（3）人情、婚礼与跟风

农村消费文化的兴起还体现在人情关系往来的支出中。在村民的日常消费开支中，有一项是不可以忽略的，那就是用于社会交往的支出。在当地农村“随人情份子”一直是乡村社会的传统。然而近年来，随着物价的上涨和货币的贬值，人情份子的数额也空前高涨。在村子里一般的人情也要随 100 元，关系好的在几百元至上千元不等。L 村的家庭每年平均用于人情的支出为 6070 元，花费多的家庭可以达到 1 万多元。虽然现在农村的经济状况好了，但是这样的支出依然不能算小数目。谈起这些村民们也表示无奈：“没有办法，这是现在的‘行情’使然，谁也不好意思往下降，那会使自己尽失颜面，会招人嘲讽，但是你倒是可以往上提，拿得越多越有面子。”

结婚是人一生中的重大事件，任何人都忽视不得。L 村的村民对于婚姻大事从未等闲视之过，如今更是舍得大操大办。订婚是要拿聘礼的，这是老辈子就有的规矩，从不曾更改过，只是时代不同，订婚礼的内容不同而已。20 世纪 80 年代要手表，90 年代要戒指，到了 21 世纪也就水涨船高起来，如今要“三金”（金耳环、金戒指、金项链）。还不止这些，订钱是少不了的，80 年代 666 元，90 年代 1001

元，21 世纪则要 10001 元。这些都有说道：666 取“顺”的意思，1001、10001 则是要千里挑一、万里挑一了。结婚吉日选定的时候要送聘礼，当然要更为“隆重”，以前只是几千元，现在则至少不能低于 5 万元，不管你家庭的经济基础如何，娶个媳妇拿不出 5 万元钱的聘礼那是说不过去的，不仅仅是招人嘲笑的问题，也不仅仅是碍于颜面，关键是亲家那边也讲不过去，你不能对人家的女儿不“重视”吧！指不定哪天又冒出一个“不差钱”的，把行情拉了上去，其他人依然得跟着风跑。跟风的现象不只表现在聘礼上，也表现在婚礼的举办过程中。拿婚宴来说，现在村里人结婚已经不再时兴乡里乡亲的过来帮忙准备婚宴，婚宴都是外包的，虽然婚礼依然在新人家里举办，但饭菜都是在饭店里预订了，吃饭用的筷子、喝水用的杯子都是一次性的，婚礼过后会有大量的废物等着处理。

对于这种跟风现象，村里人是不敢公开反对的，因为这触及了乡村社会的运行规则，或者说礼治秩序。中国人是讲究面子的，乡下人尤甚。在生于斯、长于斯、死于斯的乡土社会里，你我都逃不出熟人的圈子，低头不见抬头见的一群，必须遵循乡土社会的内在运行逻辑。

以上这三方面的消费已具有浓厚的“炫耀”特征，人们已经不再止于满足自身的生理需要，声誉与地位似乎只有在金钱的疯狂消费中才能得到社会认定，只不过他们不是以脱离生产活动的形式，而所有这一切都在制造着以前只有城市才有的垃圾——汽车尾气、建筑垃圾和餐饮残余。

2.2.3 经济理性与环境理性的断裂：现代乡村社会

人们的生存方式在受到现有的自然环境条件制约的同时，亦受到现有的技术条件的影响。技术条件的改善，可以使人在某种程度上从现有的环境束缚中解放出来。与传统社会不同，现代社会是一个经济

和技术高度发达的社会，随着技术的不断发展，“人类运用各种技术工具和机器来放大、延长和替代自身的器官、功能和活动，不断利用技术或技术物来超越自然和自身的局限，使人类逐渐摆脱了前工业文明时代主要依赖自然物质资源（动植物）而生存的自然化生存状态，并走向了主要依赖技术或技术物而生存的技术化生存状态”。[①] 在市场经济条件下，人们的经济行为遵循资本运行的逻辑，逐利是生产唯一的目的，从为了消费而生产转变成为了生产而生产，继而再转变成为了生产而消费。“大量生产—大量消费—大量废弃”的经济运行模式已经形成，并循环往复，如同踏上了生产的“苦役踏车”。[②] 现代技术已经逐渐脱离了它的初衷，背叛了自身的逻辑，并逐渐脱离了人类的控制，变成一种异己的力量，从而导致技术化生产发生了严重的异化，使人类陷入了前所未有的危机与困境之中。

现代乡村社会中，人们的逐利动机因技术水平的提高和生产工具的改善而被极大地激发出来，农业机械化设备的使用使人们从以往繁重的体力劳动中摆脱出来，从而可以转入非农业生产，农药、化肥、地膜等物资的投入使用在短期内可以明显地提高单位面积的产量，然而却没有人会深究这些现代化产品给环境带来的潜在负面影响。以个体农民种地为例，从其行为过程来看，他在有限的土地上扩大投资，去实现效用的最大化，是经济理性的；但是由于自身知识水平、判断能力和信息等的制约，他没有考虑这种行为的外部环境成本，虽然这种成本并不完全由他自身承担，但必将导致未来效用的降低，所以他的行为又是非理性的。从行为的结果来看，其短期内可以获得个人最

---

① 蒋国保：《从技术化生存到生态化生存——人的生存方式的当代转向》，《南昌大学学报》2012年第3期。

② 苦役踏车理论，也被译为“生产的传动机制”，是由美国社会学家施耐伯格于1980年提出的。他认为在工业社会中，在资本主义市场经济运行的条件下，形成了“大量生产—大量消费—大量废弃”的怪圈，这种机制对于生态环境造成了极大的破坏。

大化的效用，是经济理性的，但是就社会整体而言，个人最大化的效用是建立在长远利益、社会利益丧失的基础上。农药、化肥的滥用造成了环境的污染，影响了作物的品质；地膜的残留毁坏了土壤的生态系统。所有这一切并不是在农民完全不知情的情况下做出的选择，因此，农民又是环境非理性的。而随着农村商品经济的进一步发展与农民消费文化的兴起，日常生活中产生的垃圾也越来越多，越来越不能为自然界所自行消解。现代乡村社会，人们过于追求个体利益而忽视环境价值，环境的恶化与生态系统的破坏是个体理性情况下的集体非理性结果。因此，我们说现代乡村社会中，经济理性与环境理性之间出现了某种程度的断裂。或者说，现代生存方式具有破坏环境的一面。

2.3 加工业的引入与污染的加剧

2.3.1 肠衣加工业的发展历程

2.3.1.1 *肠衣加工业发展之初*

在20世纪三四十年代，L村有一位姓刘的青年在天津学到一门技艺，即肠衣加工，回到村里，开始带领家人从事肠衣加工业。对于肠衣加工业来说，羊肠是其主要原料；其次人们也会使用猪肠，但其品质和用途与羊肠比相差甚远。羊肠等原材料的来源主要是周边的回民村落，因为回民信仰伊斯兰文化，主要以羊肉为食，因此回民比较集中的地区是羊肉的主要产地及消费地。而与L村比较接近的回民聚居区都散落在几十公里甚至几百公里远的地方。在那个年代，交通极

不方便，尤其是农村地区，基本没有代步工具，无论去多远的地方都要徒步前往。要想从事肠衣业的加工，必须具备三个条件：原料来源、技术、产品销售地。也就是说，虽然刘家拥有了技术，但是要想成功从事此项加工业，并没有当今社会那么简单。他们必须亲自徒步去几十公里之外的原料产地收购原材料，然后返回家里加工，再把加工后的产品送到收购点——天津，再出口国外。

综上所述，我们发现有以下几个因素限制了肠衣加工业的发展：第一，交通不便，由于交通工具的落后，加工业原材料和成品的运输都是重要的制约因素；第二，原材料的来源，由于原材料以羊肠为主，而当地并非原材料的主产地，这同样阻碍了肠衣加工规模的扩大；第三，对外贸易的落后，因为加工后的肠衣成品主要用来出口国外，当时对外贸易的落后也是限制该产业发展的重要因素。综合起来，我们可以看出肠衣加工业在 20 世纪三四十年代没有获得发展是由当时的经济发展水平决定的。由于发展之初仅有一家生产，且加工量有限，加工所产生的污水废渣仅限于很小的范围内，并没有给当地带来明显的污染。

2.3.1.2　集体化时期至 20 世纪 90 年代前的肠衣生产

抗日战争爆发以后 L 村肠衣加工停滞，直至人民公社化时期才恢复生产。因当时大队支书是青年刘某的哥哥，在刘的推荐下肠衣加工业成为村集体的事业，开始由小队来做，最后转入大队。那时加工的形式有了变化，属于来料加工，加工业的原料由 DZ 市畜产公司提供，加工后的产品被 DZ 畜产回收，村集体不支付成本，只赚取加工费。联产承包责任制以后，加工业重新转入个体家庭。原料也不再是 DZ 畜产提供，而是自己联系收购，产品加工后卖往天津。此时，人们收购原材料和销售肠衣时其交通工具或运输工具是自行车，肠衣加工使得加工户与普通的村民相比拥有更强的资金实力来购买在当时来看较为先进的交通工具。而这一便捷的工具也使得远距离的运输工作变得比以前更加容易和可以承受。由此，该村的肠衣加工业在某种程度上也获得了发展空间。

在这一阶段，肠衣加工业缓慢向前发展，污染开始逐渐显现。此加工需要三道工序：刮肠、灌肠、分路。“刮肠”就是用工具将动物小肠内的内膜刮掉，只剩下外面薄薄的一层，称作肠衣。在这一程序中动物小肠内的内黏膜被剥落下来，转为废弃物。“灌肠”是用水冲洗肠衣内壁将残留的附着物彻底冲掉，只剩下半透明的肠衣，该道工序不仅使废水中带有肠衣内膜这样的有机物，同时还会把堆培在肠衣上的大量肠盐（一种专门的肠衣用盐，成分中含有硝）冲入水体，灌肠之后，要将肠衣再次用大量盐堆培起来，以防止肠衣腐坏。“分路”则是将已经初步加工的肠衣再次注水，以判断肠衣的粗细长短，对肠衣进行分门别类。分路过程中再次产生大量含盐废水。分路之后将肠衣打成束，用盐堆培，完成产品的加工工作。由肠衣加工的工序我们可以看出，肠衣加工过程会产生大量废水，水中有大量有机物、动物粪便、含硝的肠衣用盐。同时，加工过程中有时也会用到盐酸，原因是动物小肠在运输或者加工过程中由于保管不善造成肠衣腐败变色，此时就需要用盐酸浸泡清洗，使其恢复新鲜的颜色，此过程致使加工业排放的废水中含有盐酸成分。所有这些废水流入河流会使河水富营养化，同时又因含大量盐分而使河水无法用于灌溉。污水渗入地下亦会对地下水源造成严重污染。

这一时期的肠衣加工污水主要被排放在L村范围内，以挖土掩埋，或者被倒入村子周边的坑坑洼洼为主，仅有极少量排入村东沟渠，加之河水的流动，将污水稀释冲走，因此对于灌溉水的整体污染程度并不严重。但该村已经被臭气所弥漫，村内范围的土壤与地下水已经不同程度受到污染。

2.3.1.3　20世纪90年代末期以后的肠衣加工业

20世纪90年代末期以后，随着国际经济贸易的发展，中国对外贸易渠道拓宽，肠衣加工业迎来发展的契机。同时，伴随着生产力水平的提高，国内交通运输、通信设施都取得长足进步，以往约束肠衣加工业的障碍被清除。L村肠衣加工户的交通运输工具相继转换为摩托车、机动三轮车、农用汽车和大型货运。L村肠衣加工业的原材料来源已遍及东北三省、新疆、西藏、青海、内蒙古、陕西、甘肃等诸多省市和地区，肠衣成品销往浙江、上海、天津、保定等一些口岸，出口日本、韩国、加拿大、欧洲等20多个国家和地区。但L村主要加工的属于高级半成品，并不直接出口，还需要进一步深加工，L村产品主要是送往BD大型肠衣加工厂进行精加工再行出口。到目前为止，L村肠衣加工户发展到42家，从业人员达700多人，按人均日加工100根肠衣计算，日加工量可达7万根。

此阶段污染加剧，本村池塘因污水漫溢造成村民住房地基严重受损，受害者告到省环保局，省电台曝光此村污染情况。之后池塘填平，村内加工户的污水全部转入村东生产沟渠，灌溉水污染迅速加重，前后两村将河流截断，筑坝拦污。但终因日久积累，死渠中的污水漫溢，多次造成前后两村受到严重污染，引发村民群体爆发环境维权事件。而在L村范围内，地下水污染此时已经非常严重。谈起L村地下水质的变化，村支部书记深有感触地说：

> 我们村从事肠衣生产这么多年，地下水早就被污染了。现在如果在我这个院里打井，超过20米，井水既不能喝也不能洗衣服。从井里打出来的水，今天还很清，明天就发（变）黄。用打出来的水冲洗三轮车，几天铁就被泡烂了，水质太差了。我们村15米以下的地下水基本都被污染了，你看我这个27米深的井，

潜水泵下去，用绳子拴，没问题，如果用铁丝拴，顶多20天，铁丝就断了。你就说地下打出来的水，外村的牛、驴都不喝，那个味道和普通水不一样。用这个水烧水喝，你一尝发苦，根本喝不了。那年我在院子里养了四窝猪，当时搭了一排猪圈，猪圈边有树，我每天打水洗猪、冲食槽。一个夏天，树就死了。水太咸了，把树给齁死了。

2.3.2 肝素钠的提炼

肝素（Heparin）是哺乳动物体内含的一种黏多糖，它与蛋白质结合在一起存在于肠黏膜、肺、肝等器官内，肝素与蛋白质分离提取后，具有抗凝血、抗血栓、降血脂等多种生理活性，是防治动脉粥样硬化、心脑血管疾病的显效药物。肝素钠（Heparin Sodium）系自猪、羊的肠黏膜中提取的硫酸氨基葡萄糖的钠盐，属黏多糖类物质，通过激活抗凝血酶Ⅲ（AT-Ⅲ）而发挥抗凝作用。它对凝血过程的三个阶段均有影响，在体内外均有抗凝作用，可延长凝血时间、凝血酶原时间和凝血酶时间。

肝素钠的提炼分为粗制和精制两次完成。粗肝素的制作流程为：①盐解，用料为新鲜肠黏膜、等量的水、4%的工业盐，调pH值的烧碱；②吸附，此过程加入树脂；③洗涤，先用清水漂洗，再加盐溶液洗涤；④洗脱，加入浓度20%～22%的盐溶液和16%～18%的盐溶液两次洗脱；⑤除杂，需用到稀碱水；⑥沉淀，此过程用到盐酸、乙醇；⑦脱水，再次用到乙醇；⑧干燥。精制肝素钠的流程为：①溶解，用料为肝素钠的粗品、盐溶液、烧碱溶液；②酶解法除蛋白，加入胰蛋白酶，调酸碱；③调酸去除蛋白，此过程用到亚硫酸氢钠；④氧化条件，用双氧水（过氧化氢）；⑤沉淀，调酸，95%乙醇沉淀，

再放入无水乙醇或丙酮中脱水；⑥干燥。

从肝素钠的制作流程中用到的原料我们可以看出，虽然制作肝素钠的过程相当于对肠衣加工业产生的肠黏膜进行了利用，减少了肠黏膜直接投入环境造成的污染，但同时肝素钠的加工过程又是一个二次污染过程，其污染程度要远大于肠衣加工。因为此过程多次用到盐酸、烧碱、双氧水、乙醇、亚硫酸氢钠，而盐水的使用又一直是贯穿始终的。实际上 L 村的加工业恰恰是因为有了肝素钠这一产品的生产而加剧了当地的水污染程度。L 村肝素钠的加工是从 2000 年左右开始的，现在有 5 户家庭进行肝素钠的提炼加工。因为肝素钠的生产与肠衣加工相比其技术含量要高得多，技术主要被外来人所掌握，由于存在技术壁垒，本村人尚不能很好地把握该项技术。在 5 户从事肝素钠提炼加工的家庭中，其中有 3 户是外地人，而本村两户人家所生产的肝素钠，其品质与外来加工户也一直存在较大差距。他们将 L 村肠衣加工业产生的肠黏膜全部投入肝素钠的提炼加工。

表面看来，肠衣加工与肝素钠提炼两个产业是一种互惠共赢的关系。然而，二者之间同样存在竞争，共同争夺当地的环境资源，即共同争夺排污空间和争相利用地下水资源。多年来，肠衣加工业造成的地下水污染对于肝素钠的提炼也具有重大影响。因为肝素钠的品质直接受到水质的影响，在肠衣加工和肝素钠提炼过程中用水的水质好，提炼出来的肝素钠效价[①]就高；水质差，提纯的肝素钠的效价就低。因此，该村因肠衣加工业的集聚为肝素钠的生产提供了较充足的原材料来源，但同时又因地下水污染而对所提纯的肝素钠的品质产生负面影响。此外，肝素钠的生产本身也在加剧地下水污染的程度，使得当地的环境污染进一步恶化，由环境污染而引发的矛盾也变得更加频繁和激烈。

---

① 效价指的是肝素钠的质量标准。一般来说，用于医疗的肝素钠，按照干燥品计算，每 1mg 的效价不得少于 150 单位。

2.3.3 理性与非理性之间：发展与环境何者先行？

一直以来，在人们的意识当中，经济发展与环境保护似乎是一对矛盾的概念，要促进经济发展，结果破坏了环境，而要保护环境，则又会阻碍经济的发展，这是当前全球社会正面临的两难问题。发展与环境何者更为重要也一直是一个争论不休的话题，在不同的时期，人们赋予二者以不同的意义。从历史的发展脉络来看，关于发展与环境之间关系的价值观经历了三种形式的演变①：第一，以不计自然成本的经济增长为目标的发展观。该观点的实质是把发展与环境对立起来，认为发展的首要任务是国家富裕和人们生活水平的提高，自然环境的内在价值则被忽略，此观点的突出代表是凯恩斯经济学派。第二，消极保护环境的零增长观念，这种观念产生于20世纪60年代以后，其代表为1972年罗马俱乐部提交的发展报告《增长的极限》，该报告称如果人口和资本按照目前的快速增长模式继续下去，世界就会由于环境的破坏而面临"灾难性的崩溃"，而要想避免这种前景只有一个办法：限制增长，即"零增长"。该观点对社会的发展前景持悲观态度，但却认识到了环境对于人类的重大意义，对于唤醒人们的环境意识具有积极作用。然而，环境与发展的对立观使得他们提不出解决问题的切实方案，"零增长"模式必然会被抛弃，因为发达国家不会心甘情愿停止前进的脚步，而让广大发展中国家长期处于贫穷落后的状况更是不公平的和不现实的。第三，积极保护环境的可持续发展观。1987年《我们共同的未来》对可持续发展的内涵作了概念界定与理论阐述："可持续发展指既满足当代人的需要又不对后代满足其需要构成威胁的发展"，可持续发展树立了环境与发展相互协调的观点，

① 郑利：《环境与发展之关系研究》，《环境保护科学》2003年第118期。

是人类社会健康发展的理想类型。从时间上来看，这三种观点分别出现在工业社会发展的不同阶段，即工业社会发展的初期、工业社会发展的高速增长期和后工业化时代。我国的经济发展与环境保护之间亦呈现与此相似的轨迹：从改革开放之初的“发展才是硬道理”，到“经济社会全面发展”，再到“生态社会的构建”。这一相似的进程表明，环境的价值正在逐渐受到人们的认可与重视，同时也表明，如何处理好发展与环境的关系，现在来看依然是一个世界性的难题。

对于国家来说是如此，那么对于一个地区或是对于一个村民来说情况亦是如此。“面对现实的自然环境，人们选择什么样的活动方式与行为，是以尽可能小的个体成本换取尽可能大的效用，还是以尽可能小的外部环境成本（环境破坏的代价）换取尽可能大的效用；是换取短期效用，还是长期效用；是个人效用，还是集体效用，都需要进行判断与决策。”[①] L村肠衣加工业的发展是以大量的污水排放和长期的地下水污染为代价的，从这一点上来说，该村的肠衣加工业者做出了环境非理性的行动选择。然而在农村社会，水资源的利用是廉价的，人们可以不受约束地抽取地下水，亦可以将生产所产生的污水随意地排放出去，而不必进行处理或者为此付费，同时农村的劳动力也是一种廉价的资源，所有这一切共同支撑起一个技术含量不高的劳动密集型加工产业的发展，从这一点来说，这些肠衣加工业者又是具有经济理性的。L村的环境污染问题是个体理性的集体非理性结果，人们在重视短期效用获得的同时，忽略并影响到长期效用的获得。

L村的污染遭遇与其发展所处的阶段紧密相关，该村正处在由传统社会向现代社会的转型期，结构转型带来的问题是村民无法预期的，同时传统的小农经济发展模式并没有给村民积累起足够的发展资

① 谭千保、钟毅平：《农民的非理性环境行为及其归因》，《佛山科学技术学院学报》2006年第5期。

本，而小本经营的肠衣加工作坊处于产业链的末端，但依然要直面市场经济大潮的冲击，环境保护的代价太大以至于让加工户望而却步，因为外部化自身成本或许是他们可以盈利的唯一备选方案。在这里，环境与发展是作为一对矛盾出现的，发展成了以环境为代价的发展。

2.4 小结与讨论：生存者的致害者化

从以上分析可以看出，自改革开放以来，特别是20世纪90年代以后，随着科学技术的进步和商品经济的高度发展，我国农村社会已经发生了前所未有的巨大改变，并正在面临从传统社会向现代社会的快速转型。农业机械化设施的广泛应用改变了以往农民的劳动生产方式，从农业生产中解放出来的大量农村剩余劳动力迅速向第二、第三产业转移。然而，化肥、农药、地膜等化工产品的广泛应用在给农民创收的同时，也带来了日益严重的农村面源污染问题。“过量施用化肥会引起土壤酸化和板结、重金属污染、硝酸盐污染和土壤次生盐渍化，从而导致土壤肥力下降，并且造成水体富营养化，淋溶污染地下水，致使作物品质下降，硝酸盐含量超标，并通过食物链危害人体健康。”[①] 据有关统计，我国化肥每年的流失量占施用量的40%以上[②]。这就意味着，2009年我国施用的5404.4万吨化肥中，有大约2161.76万吨化肥是无效利用的，如此大量的化肥流入自然环境，给环境生态系统带来的危害是可想而知的。如今，人类所食用的粮食和

① 黄国勤、王兴祥等：《施用化肥对农业生态环境的负面影响及对策》，《生态环境》2004年第4期。

② 王敬国：《农用化学物质的利用与污染控制》，科学出版社2001年版，第34页。

蔬菜中的农药残留更是对人体健康造成潜在危害的一大杀手。由于农药使用量过大，超出了环境对农药的自然消解能力，形成了食物中毒素的累积，从不同来源的食品带来的有害物质在人体中富聚，导致人类各种疾病甚至恶性肿瘤的发生[①]。

农业生产中日益提高的农药、化肥、地膜等农用化学物资的投放量是与我国当前的社会结构与经济发展形势分不开的。首先，我国拥有世界上最大的人口规模，13亿人口的吃饭问题需要在我国有限的耕地资源上来解决，不采取掠夺式的农业发展战略是行不通的。其次，我国目前依然是城乡二元社会结构，与城市相比，农村依然处于相对贫穷落后的状态，加上工农业产品附加值上的较大差距，使得农民一直处于被盘剥的地位。高价的农用物资与低廉的农产品价格，使得农业增产增收所带来的获利空间被农用工业掠取。据我的实地调查了解，在L村所在的地区，农民种植1亩地的庄稼（这里以一年二作的小麦、玉米为标准），年纯收入在1000元左右，即使按人均2亩地计算，年人均纯收入也才2000元。而事实上，当地的人均耕地面积还不足这个数字，只有1.875亩。由此可见，如果当地农民只从事农业生产，人均2000元左右的农业收入水平远远满足不了农民的日常生活所需。而在城市化发展水平相对还比较低的情况下，城市社会对于农村剩余劳动力的接纳能力依然有限，这就意味着我国农村居民面临着巨大的生存与改善生活的压力，从而无心、也无力顾及环境污染的控制。因此，可以说高投入、高产出的现代农业生产方式依然是只能满足农民的基本生活需要，并不具备资本积累的性质。城市农民工的出现与勃发就是在这样的背景下产生的，他们是城市社会的边缘群体。然而作为农村社会的年轻一代，他们原本又是村落社会的主力与

---

① 卢恰、张无敌：《农药与环境的可持续发展》，《农业与技术》2003年第1期。

“精英”，大量农村青年的外流造成农业从业人员的老龄化趋势，由于受劳动能力和知识水平的双重限制，老龄人口从事农业生产则更易选择现代化农用机械和加重化肥、农药等产品的无效投放与利用，从而给生态环境带来更加严重的负担。因此，从农业生产的角度来看，农村居民不仅是劳动者、消费者，同时也日益转变成为环境问题的制造者或者说发生源。

更为悖谬的是，在农村居民面临巨大生存压力的状态下，人们的消费需求却在不断提升。归根结底，其原因在于商品经济的快速发展同样冲击着农村市场，琳琅满目的商品刺激着农村居民的消费欲求。

在农村社会，生产方式与生活方式密切联系，农业生产方式的改变也必然带来农民生活方式的转型。现代化农用机械和农用物资的投入使人们可以从往日繁重的农业劳动中获得解放，一旦获得机会，他们就会投入其他产业，从而获取农业之外的收入，以改善自己的生活水平，收入的增加则意味着购买力的增强。然而农村的公共服务体系建设并没有跟上农村发展的形势，到目前为止，广大农村地区尚无统一的污水排放和垃圾存放处理系统，使得村民将大量含有餐洗净、洗衣粉、洗发水、化妆品和动物油脂的污水直接排放出去，造成严重的水土污染。现代电子产品在农村的出现和日益普及，同样意味着有大量的废旧电子产品正在被农村居民抛入环境，其对于环境的影响更是不可小觑。有不少人将农村严重的面源污染归咎于农村居民的落后与无知，在我看来这是有失公平的。事实上他们已经日益意识到环境问题的存在，以及由他们的日常生活习惯产生的污染危害，然而农民对此依然是无奈的。城乡二元结构的存在持续地挤压着他们的生存空间，而国家的体制政策却一直向城市社会倾斜，中国农民是没有资金、也没有能力肩负起控制农村面源污染这样重大的社会责任的。

农业生产是为了农民的日常生活，加工业的引入亦是如此。农民

之所以从事农业生产并不是出于天性，而是由当时当地的经济发展水平和社会结构状况所决定的。一旦获得发展机会，农民并不甘于留在有限的耕地上劳作。农民是有理性的，即使这种理性是有限的，农民也会尽情发挥将其用于为自己谋取福利。在现有的经济发展水平和人们的文化、技术水平的制约下，农民即使转入非农生产也只能选择技术含量低、劳动密集型的产业或者行业。这样的产业属性决定了获利空间相对较小，人们更多的是通过利用廉价的资源优势来获取微薄的利润。在这些领域中，环境资源往往成为人们转嫁成本的去处，因此，对于环境的保护往往不在人们的考虑范围之内。或者可以这样理解，人们的盈利是以牺牲环境为代价的。在这一层面上，环境与经济发展是一对矛盾的概念，二者不能兼容。

拿 L 村的肠衣加工来说，肠衣加工业之所以能够在此发展起来，其一是因为肠衣加工业对于技术要求很低，普通村民很容易掌握；其二是因为当地拥有大量廉价的劳动力资源；其三是因为农村的水资源利用异常廉价，环境作为公共资源也无须付费。这些对于肠衣加工业的发展无疑提供了较好的前提条件。肝素钠的提炼虽然技术含量相对较高，在此是依附于肠衣加工业发展起来的产业，但是也依然利用了水资源和环境资源廉价这一前提条件。另外，这里有一点可能会被忽略掉，那就是无论是肠衣加工业的原材料，还是肠衣半成品、成品的销售与消费地都远离 L 村，其分布在全国甚至是世界各地，这就意味着，从产品的生产到产品的消费诸环节都需要长距离的运输过程，无论是陆运、海运还是空运，都会产生大量的能耗、排放大量的废气，从而污染环境。

由以上分析我们可以得知，L 村村民既是农业生产者，又是加工业生产者，同时还是生活者。无论在农业生产过程中，还是在加工业生产过程中，抑或是在日常生活过程中，人们都在制造垃圾，污染着

自身所处的环境。在这里人们的生产和生活往往不可分离，这种不可分割性不仅仅表现在空间地域上，同样表现在人们的认知行为之中，生产已经融入生活之中，成为日常生活的一部分。人们很难将自己的生产与生活区分开来，在他们看来生产即生活，生活也即生产。基于生存的需要，人们不得不从事有害于环境的现代农业生产——喷洒农药、施用化肥、使用农膜；同样基于生存的需要，人们又不得不从事有害于环境的肠衣加工业和肝素钠提炼工业——排放含盐、含酸、含有机物质的废水；也同样是基于生存的需要，人们消费现代科技生产出来的不能为环境所降解的物质，并最终以垃圾的形式将其抛入环境。这里已经不能以“生产者的致害者化”或者“生活者的致害者化”来解释，而只能冠之以“生存者的致害者化”。生存者为了自身的生存，不得不做出破坏环境的行为，并使得自身深陷于自身所产生的污染之中。

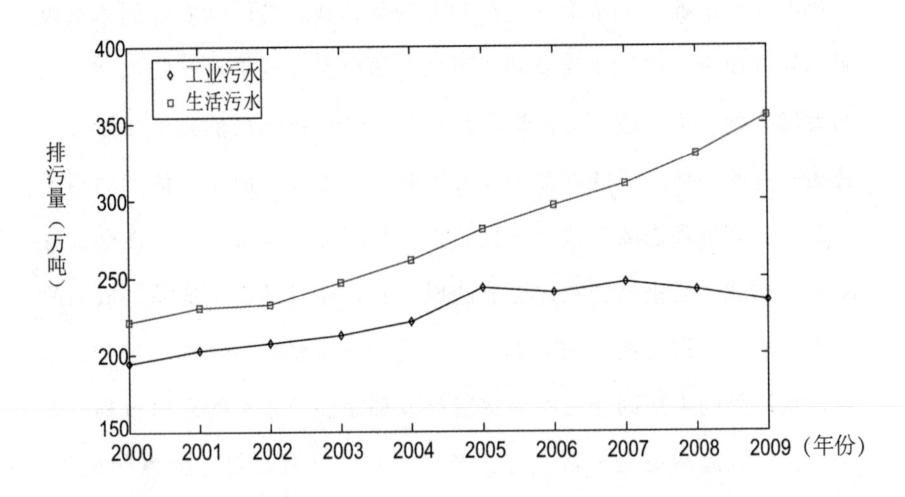

图 2-6　2000—2009 年全国工业污水和生活污水排放总量对比

第3章　乡村社会关系与环境治理

社会关系是指人们在生产和生活过程中形成的人与人之间、人与环境之间的关系内容与关系形态。不同的生产、生活方式必然会产生不同的社会关系。社会关系形成于人们的生产、生活之中，是其不可分割的组成部分，因此，我认为生产方式、生活方式与在此基础上形成的社会关系形态共同构成生存方式的重要内容。由生产方式和生活方式变迁而导致的社会关系的调整，必然也会对周围的环境产生深远的影响。这种影响不仅体现在乡村环境问题的形成过程之中，也同样体现在乡村环境污染既成事实之后的环境治理过程之中。

3.1　村庄伦理与污染同意

3.1.1　熟人社会中的关系与伦理

乡村社会可以说是熟人社会，是由低头不见抬头见的一群人构成，人们之间有着错综复杂的关系，种种关系构成种种伦理，所谓“人伦”即是此意。正如梁漱溟先生所说：“儒家文化伦理不是从社会本位或个人本位出发，而是从人与人之间的关系着眼，伦理本位者，关系本位也。”[1] 在乡土社会里，每个个人皆是社会关系网络的中心，“从己向外推以构成的社会范围是一根根私人联系，每根绳子被一种道德要素维持着”。[2] 亲人、朋友、宗族、乡邻，不同关系有着不同的道德行为标准。传统社会的君君、臣臣、父父、子子的伦理纲常皆源于此。乡土社会是以村落为单位的，而村落与村落之间却缺乏联系，有“鸡犬相闻，老死不相往来”之说。因此，在我看来，费孝通先生所说的乡土社会实际就是村落社会，乡土社会的伦理规则与人们的行动逻辑是村落结构内部的规则与逻辑，推广到更大范围内就不太灵验了，至少部分来说是这样。但这并不等于说人们的关系不可以外延，事实上其外延的形态清晰可见——现在的大都市里有很多“同乡会”，同乡会的范围也是可小可大，小到一个村落、大到一个省会，甚至可以大到一个地域或者国家（同在异国的情境里）。同乡会内部成员之间的关系依然是可以分级、亲疏有别的，这样圈子一层层套进去，范围越套越小，关系也越套越近。“老乡见老乡，两眼泪汪汪”，这句话承载着乡土社会中人们对于乡邻关系的情愫与认同。但当我们跳进任何一层圈子里面回过头来往外看时情况就截然不同了，圈子外面的都是外人，只有圈子里面的才是自己人，这样圈子又一圈圈地缩回来，最终又都回到了自身。这里有点类似于费孝通先生所说的乡土社会的“差序格局”[3]，事实上它也确实是“熟人社会”在现代“陌生人社会”中的变异或者说重构。所不同的是乡土的熟人社会是以血缘关系为纽带和基础的，而“同乡会”则是借乡土社会中相对较弱的“地缘关系”之名将“陌生人”拉入圈子之中，从而来建构“熟人关系”。这种关系当然是脆弱的，维系关系的纽带也只有利益。其实乡土社会又

---

① 梁漱溟：《中国文化要义》，上海人民出版社 2005 年版，第 83—84 页。

② 费孝通：《乡土中国　生育制度》，北京大学出版社 2005 年版，第 33 页。

③ 同上书，第 24—30 页。

何尝不是，中国传统结构中的“差序格局”之所以具有这种伸缩自如的能力，恰恰也在于“利益”二字，否则就不会有“人情冷暖、世态炎凉”的感触了。

利从己开始，与自我相关。为了利，兄弟可以结仇，父子亦可反目，历史上骨肉相残的情形也并不少见。血浓于水的关系是建立在亲人和睦相处的基础上的，亲属之间的关系亦可通过“利”字加以解读。父母养子、爱子、教子是因为子女不但可以延续父母的生命、给予父母情感和快乐，而且还可以对子女报以赡养的角色期待。同样，子女顺从、爱戴、孝敬自己的父母，其一是因为从父母那里得了若干的好处，心怀感恩；其二则是为下一代做好榜样，毕竟自己也终要为人父母。这样父生子、子生孙，亲子关系扩展为家族关系，家族关系扩大至氏族的关系，而相互之间关系的维系依靠的就是这种利益的承诺与期待。村落社会里不仅有亲属，亦有外姓，于是比邻而居的两姓结成了邻里关系，“远亲不如近邻”，这句话说明了在村落社会中邻里关系不可小觑。在村子里，假如谁家有点急事，最先能够赶到的不是亲戚而是邻里。邻里关系最大的特点就是合作与互助。东家锅里没米了可以去西家借，改天有了再还上，邻里之间不必立契约签字画押，倒不是说东西少不值钱，这里靠的是信用与信任。张家死了人，街坊邻里就会去帮着发丧、抬棺木，这可是辛苦活，但大家还都抢着干，为什么？这里面有一个“礼”字。礼是规则、规范。人服于礼，就是人要服从于社会公认的规则与规范的意思。乡土社会不讲“法”而讲“礼”，因此说乡土社会是“礼治”的社会。在乡土社会如果不服“礼”，就会受众人排挤，会被边缘化。不服“礼”面临的不仅仅是舆论的压力，更可能是生活实践中的寸步难行。在L村访谈的过程中，我听到一个故事，恰恰印证了这个道理。

后村有家姓张的，兄弟三人，老大老二为人都很朴实、诚恳，而老三做人却不太厚道，自私自利，别人的事儿从来不肯伸手帮忙，人们虽然对他早有反感，但也奈何不得。一天，兄弟三人的长辈辞世，村里人去帮着发丧、抬棺木，在抬往坟地的路上，棺材突然被放下了，有人高声说："好了，就抬到这里吧，老大老二的我们都抬完了，剩下的就是老三的了，让他自己抬去吧！"

这不只是一个故事，也是一个事实。这个人有名有姓，为此我还专门到后村求证过了。这件事情告诉我们：在乡土社会里，不服礼是行不通的。"于情于礼"均行不通，这里情是人情、是关系，礼是规则、是道理。"来而不往非礼也"，来的是人情，"往"就是要还这份人情，这就是"往"的道理。

3.1.2 利益均沾

乡村社会是一个熟人的社会，也是具有"差序格局"的社会。差序是关系的差序，亦是利益的差序。亲疏、远近皆因利益而定。合作是出于利益，互助是出于利益，信任同样也是建立在长期互惠互利的基础上的。亲属之间、朋友之间有着极强的利益相关关系，因此才会肝胆相照，才可以"两肋插刀"。这里又涉及一个"义"字，有人会说"义"是不求"利"的，在我看来其实不然，这里面包含亲人或者朋友对自己的情感期待，如果你没有达到这种期待或者预期，又怎么可以分辨出你们之间是亲人或者朋友的关系呢?！所以在这里"义"即是"利"，只不过这里的"利"与见利忘义中的"利"不同，这里不是指物质，而是指情感。"有情有义"，讲的就是这个道理。

所以，回到L村的问题上来，我们就不难明白其中的道理，为什么L村村民对于该村的污染问题能够长期保持沉默，即使恶臭难闻、蚊蝇乱飞？这就是利益。L村的肠衣加工业可以说与村内每个人的利益均存在相关关系。凭什么做出这样的判断呢？第一，L村是一个熟

人社会，有着强大的亲缘关系网络，血缘也好、姻缘也好，都是利益相关的。第二，“乡土社会的生活是富于地方性的”，L村人聚村而居，彼此互为邻里，邻里之间在长期的互动与磨合中形成的“礼”是不能忽视与逾越的。因此说，L村的肠衣加工业是L村人的肠衣加工业，而已经不再是哪一个家庭的肠衣加工业，至少对外界来说是如此。

151户的L村现有42个肠衣加工作坊，而从业人员则有700多人，即使这些从业人员并不都是来自本村，那村里人的情况也会是这样：不是现有加工户的成员，就是与加工户有亲缘关系的人员，要不就是现在正在帮工的人员，再要不就是以前从事过加工的人员，这样网来网去就所剩无几了。当然，任何情况都不是绝对的，都可能会有例外，那么这个例外在村子里能够起到多大的作用呢?! 当然也不尽然，但大多数是选择了沉默，因为利益相关。

这里使我想到了现在学术界正在热衷于探讨的一个社会问题，那就是大型国家项目或者外来企业入驻后对当地环境造成污染引发的环境抗争与环境维权问题，在那些案例中受益圈与受害圈是分离的；而我在这里看到的案例则恰恰相反，是致害者与受害者高度重合的一个案例。

3.1.3　危害的隐而不彰

环境污染的危害本身就有一定的隐蔽性与滞后性。这一特点决定了人们对于环境污染的敏感度一般来说会比较低。拉舍尔·卡逊撰写《寂静的春天》之时是在20世纪60年代，而农药的应用则是很早就有的事情，即使是这样，在卡逊提出农药对环境的危害时，还是遭到了来自多方的谴责与驳斥，由此看来人们对于环境的认知是需要一个过程的。污染的危害之所以具有隐蔽性，与人们环境知识的缺乏有一定的关系。科学技术创造了新的物质，将其应用于人类社会，目的是为人类社会带来好处，但可能事与愿违，反而给人类带来了灾难。然而在这种技术产生之初，甚至于在产生之后的相当长一段时间内，人们却不了解它的负面性，也就是它会给人类带来哪些非预期的后果。即使危害已经显现，从学理上来证明它也会存在很大的难度。日本的新潟水俣病、疼痛病和四日市哮喘病就是典型的例子，为了证实公害的存在，专家学者们经历了多年的环境诉讼斗争才取得成功。因此，从某种程度上来说环境污染的危害在一段时期内是隐蔽的，我们看不清，即使看清了，也不能确证二者的相关性。既然剧毒性的物质都是这样，一般性的污染就更不必提了。

L村的环境污染就属于这种不必提的问题。从加工的过程我们知道，污水中含有大量的盐、部分火碱、盐酸和乙醇等物质，那这又意味着什么呢？污水有毒吗？周边的地下水没有毒死过人。那污水有害吗？有一点儿，就是不能浇地。那又如何呢？与村庄整体获得的利益相比，这点儿小事又算得了什么?！因此，在村人看来，这些水是没有什么的，村里人说“L村人中60岁以上的老龄人口占了很大的比例，甚至超过周围村落”，这就是明证。

3.2 西湾事件——一次成功的“环境维权”

3.2.1 清水湾的变迁

西湾位于L村西部偏中间的位置，当地人称为“湾”，实际上就是村中的池塘。对于L村村民来说，20世纪50年代前，这个池塘的

用途主要是用来蓄水，即容纳雨天的多余积水。后来除接收雨季的积水以外，就是接受来自周边家庭排放的废水。20 世纪 60 年代前，这个池塘里的水还是比较干净的，村中的妇女常常结伴前来池塘边洗衣、刷鞋，在炎热的夏季村中的儿童也会到池塘里玩耍嬉戏，待冬天水面结冰，那里更是成为儿童的乐园。但这个池塘冬季有水的年份并不多，仅限于降水量较大的年份。因此，池塘每年有水的情况基本都集中在夏季多雨的七八月份。雨季过后，池塘的水也会随着蒸发和渗透而慢慢干枯。上文提到，本村的肠衣加工业发展较早，是从 20 世纪三四十年代就存在了，但那时肠衣加工业的规模很小，仅限于一两户人家，由肠衣加工业而产生的废水废渣对于这个池塘的影响几乎可以忽略。或者这些废水废渣当时也并没有排放到这个池塘中来，当时由于生产量极小，加工户只要将其积攒起来倾倒在村外的坑坑洼洼里，或者挖坑填埋即可。

在人们的记忆中，村西池塘主要用来接收生产生活排水起于 20 世纪七八十年代以后，那时肠衣加工业开始复兴并有所发展。由于加工量的增多，人们发现生产所产生的废水和废渣的排放越来越成为问题，因为含有动物肠道废物及黏膜等有机物的废水、废渣很容易氧化变质，腐烂变质后的废水和废渣散发出令人作呕的恶臭，将其倾倒在村庄周边的坑坑洼洼或者挖土填埋已经变得不太可能。一方面是空间有限，无法找到这么多合适的藏污纳垢之处；另一方面是废水量太大，做出处理（搬运、填埋等）的难度和劳动投入太多。因此人们之间相互效仿，村西人将废水直接排到西湾，村东人则直接将污水排向村东头的东沟（引黄灌溉渠）。

池塘是一个典型的公共领域，其使用不具有排他性，因此全体村民对于村西的池塘均享有使用的权利。对于个体加工户来说，将生产和生活污水排入池塘是经过了理性的思考和权衡的。对于加工厂来说，做出这样的选择是既省时又省力的，而且因为家就住在池塘附近，所以疏通从家宅通往池塘的管道也不会花费太多精力和财力。也就是说，他们这样做是划算的。对于少数这样的家庭来说，村西池塘尚且有一定的自净能力，但当周围的住户都做出了这样的选择之时，池塘开始不堪重负。池塘的景观和池塘的用途由此也发生了彻底的改变。周围四面八方的污水汇集而来，污流逐渐将清澈的池水变得浑浊，颜色由浅变深，最终变成红褐色乃至黑褐色，池塘里散发着难闻的臭气，儿童的乐园变成了蚊蝇的乐园。

3.2.2 探寻维权路，“误入”环保门

L村池塘水的变化是一个渐进的过程，对于L村村民来说，这样的结果并不突兀，他们也不会因此而大惊小怪。在他们看来，村里的环境似乎一直就是这样，村里的人一直从事肠衣加工业，这是老辈子就有的事情。他们说他们中的多数人从一出生就生活在这样的环境中，看到家人或者邻居从事肠衣加工，看到他们倾倒污水，闻到污水难闻的气味，在他们看来这没有什么，一切都很正常，没有人试图改变，似乎也不需要改变。直到1999年盛夏的一天，事情有了转机。

苗是村中的一个青年，高中毕业，1996年结婚，他的新房就建在池塘的南岸。苗高中毕业后去天津学习了驾驶技术，回到村里给一个肠衣加工业者刘某开车跑运输，主要是负责到周边地区拉运生产用原料并将加工后的产品运往销售地。20世纪90年代末，村内的肠衣加工业日益兴盛起来，由于市场行情比较好，多数肠衣加工户都能够轻易获利，这进一步刺激了村里人发展肠衣加工业的热情，加工业的规模也空前壮大起来。苗家房后的池塘便是最好的明证。前些年由于周边的住户都将家中的生产生活用水排向池塘，池塘里的水虽常年不断，但由于蒸发和下渗，池塘基本可以容得下这些用户的排水。每逢

雨季，池塘的水会因雨水的加入而迅速涨满甚或外溢。雨天过后，池水会回落下去。然而，由于肠衣加工业的扩大，加工业排放的废水量也在源源不断地增加，这个小池塘的容纳能力与日益增长的需求已不相称。加上多年来由于人们乱扔乱丢废弃物以及污水沉淀物的常年淤积，池塘的下渗能力锐减。池塘的水开始越积越多，下渗和蒸发造成的减少已经不再明显。苗家的房基长期受到池塘水的浸泡，墙体开始出现裂缝，并逐渐扩大。苗渐渐地意识到问题的严重性，打算为自己讨个说法，然而找谁讨个说法呢，池塘是为大家共用的，周围的人都在向池塘排水，所以造成他的损失的也绝非一家，而是大半个村落的人。跟谁去讨要公道?！苗的心里有怨气，却不知如何为自己讨公道。他开始只是在村人面前抱怨，诉说池塘的水太多将他家的房基泡坏了，这是他盖了没有几年的新房，房子后墙的断裂甚至未来可能倒塌将会使他损失惨重。这个道理大家都明白。对于村落社会来说，房子是一个家庭最大的财产，房子可能会代表着这个家庭大半辈子的积蓄。在农村，人们一有钱往往首先会想到的就是盖房子，盖房、结婚都是他们一生中的大事件，往往也都会花掉他们的大部分积蓄。

苗的最初策略是选择诉说，向邻里诉说自己的情况。对于村里人来说，苗的损失大家都心知肚明，也会心有同情。但事情并不能只怪哪一家，这是大家共同排水的池塘，所以造成苗家房基塌陷的也非一家所为。正所谓法不责众，没有人想到要为苗的损失负责，他们觉得也没有理由为他的损失负责，在他们看来这根本不关自己的事情。谁让苗家把房子盖在池塘边的，这怪不得别人。

苗没有选择去村委会讨说法，一来如同村里的其他人一样，苗对村领导班子不信任，不认为他们会出面为自己讨公道，用苗的话来说，他们也没有这个能耐（能力）。于是，苗家想到了找乡政府的领导，那是基层的“父母官”，在苗看来乡政府总该是个说话的地方。

他去了乡里找到领导，苗回忆说接见他的应该是大领导（乡镇书记），他说好像听别人说是大领导，但他不认识，去之前不知道领导长什么样子。见了领导后几句话不合就发生了冲突，用苗的话来说就是打起来了（争吵）。在苗的眼里，政府领导太过自大，根本不听他诉说，也不把他放在眼里，或者干脆领导都不屑于搭理他。“怎么说呢，他就是装，装能干，以为自己很了不起!”“我感觉没办法相信这个人!”苗愤愤地说。那个当官的说这事儿不归他们管，这是环保问题，要解决找环保局去！苗总结道：“找他们也是白找，根本不管，地方政府也就那么回事儿!”其实，苗没有意识到的一个问题是：这次去乡政府说理，虽然没有得到他想要的答复，还惹了一肚子气，但也并不是一无所获，至少从这位领导的话语中，他找到了解决问题的方向，那就是通过环保维权之路来解决自己的经济赔偿问题。这是他没有意识到的，虽然他确实这样走下去了，甚至在我们访谈他时，他也并没有真正意识到自己是在那位领导傲慢无礼的态度和冰冷讽刺的答复中找到了解决问题的方向。

在乡政府吃了闭门羹，苗的方向转向市里，下一步行动就是给市环保局打电话，投诉村里的“脏水”把自己家的房基泡坏了，要求环保局出面来处理此事。他的要求很简单，就是要求对他家的经济损失做出评估，并予以赔偿。其实在苗的内心，真正关心的问题倒不是究竟是什么水把他家的房基浸泡坏了，清水也好脏水也罢，反正是泡坏了房基，别人给我造成了损失，就应该有人来给我赔偿。在苗看来这也是天经地义的事情。苗无意中走上了一条“环保之路”，然而自己却并不自知，或者换句话说苗的行动本身并不是由污染而造成的一次环境维权，他只想讨回自己所损失的经济利益，至于周围的环境造成了多大污染他内心深处并没有足够的认知，或者说环境状况的改善并不在他所要求赔偿的范围之内。环保局工作人员的答复开始很令他满

意，电话那边态度很好，很客气，对他的要求也是满口答应。这让苗觉得有些意外，心里想还是上边的“官”通情达理，能办实事。但在此以后的日子并没有工作人员下来调查，更没有人来解决问题。苗又往环保局打了几次电话，电话那边态度依然客气，依然是满口应承，以后的日子也一如既往的没有动静。苗忍不住了，自己亲自跑去环保局反映情况，接待他的是个什么科长，态度依然很好，依然满口应承。但是这次，苗的心里明白：“他们都是些说人话不办人事的东西!”苗后来补充说，“要是说环保局有什么行动的话，也算是有一次，一天他们派人下来了，来到池塘里灌了一瓶水，据说好像是要检测什么COD，其实就是走走形式，没用！取走以后就杳无音讯了！地方政府就是这么回事，也就是叫政府，但不办实事。”

一晃几个月过去了，几番周折使得苗的内心很疲惫，感觉没有希望，没有人能出面为他解决这个问题，也许他该自认倒霉！当初的劲头也渐渐泄去了几分。在熟人社会中没有不透风的墙，苗去乡政府、去环保局讨说法的消息很快在村里散播开来。然而，苗的遭遇并没有令村里人感到意外，甚至成了某些人的笑柄。自家房子塌了找别人去赔偿，赔得着吗?！还找什么乡政府、市政府，衙门是为他家开的吗?！在有些人眼里，苗这是自找没趣。在这里我们看到，没有人对苗的遭遇给予太多同情，也没有人会有些许的自责，更没有人会想到自己要对苗的遭遇负一部分责任，然而苗家房子出现的裂缝是由大家常年往池塘里排水造成的。这里体现了中国乡土社会中人的“私”性，对此费孝通先生曾有过精彩的论述：“在乡村工作者看来，中国乡下佬最大的毛病就是‘私’。说起私，我们就会想到‘各人自扫门前雪，莫管他人屋上霜’的俗语。谁也不敢否认这俗语多少是中国人的信条。其实抱有这种态度的并不只是乡下人，就是所谓城里人，何尝不是如此。清扫自己门前雪的还算是了不起的有公德的人，普通人家把垃圾在门口的街道上一倒，就完事了。苏州人家后门常通有一条河，听起来是很美丽的，在文人笔墨里是'中国的威尼斯'，可是我想天下没有比苏州城里的水道更脏的了。什么东西都可以向这种出路本来不太畅通的小河沟里一倒，有不少人家根本就不必有厕所。明知人家在这河里洗衣洗菜，毫不觉得有什么需要自制的地方。为什么呢？——这种小河是公家的。"[①] 这里的池塘也是公家的，是全村人所共有的池塘，往池塘里投掷垃圾、排放污水这类事情谁都无权干涉，所以造成苗家房基的下沉，也就成了众人所为。中国有句古话："法不责众。"既然是众人所为的事，似乎也就没处说理。在村人的眼里，这本身就是件只能吃哑巴亏的事情。因此，苗家硬要讨个说法，那就只能四处碰壁。

很长一段时间过后，事情没有任何进展，苗的心里虽然有些怨气，但也不再有进一步的行动。一天，苗跑运输回来，在雇主刘家闲聊，郑某（肠衣加工户，在当时属于村里的大户，多年来从事肠衣加工，获得了不少利益，当时是村里有名的富户）也来串门，看到苗在场，就带着一种讽刺的口吻问苗上告的结果如何，脸上带着一种鄙夷的神情。郑某的傲慢与冷嘲热讽激怒了苗，苗发誓此事弄不出一个说法誓不罢休。于是，他想到要把事情闹大，非得给郑某点颜色看看，让他以后不敢再小瞧于他。对于苗来说，被人侮辱嘲讽甚至要比房屋遭浸泡造成的经济损失更让他无法容忍。传统乡村社会是一种人情社会，在讲究人情的社会，人们也更讲究面子，在这样的社会里生活，人们最怕被人瞧不起，所以面子对人们来说会显得异常重要，当地有句俗语："不蒸馒头蒸（争）口气。"说的就是这个道理。上文提到，苗高中毕业，虽然没有考上大学，但当年的同窗好友有些已经大学毕业进入社会。所以，对他来说只要用心，还是可以找到一定的人脉资

① 费孝通：《乡土中国　生育制度》，北京大学出版社 2005 年版，第 24 页。

源。他很快联系到了一位在省电台做记者的朋友和一个在当地做律师的同学。经过他们的筹划，事情有了新的转机。

在朋友的指导下，苗下一步的行动就是往省环保局打电话投诉L村的水污染问题。当时，省环保厅与省电台联合创办了一档反映环境污染问题的电视节目《家园》，接到投诉电话，栏目组马上授意记者下来采访，录制的反映L村水污染问题的节目很快就在《家园》节目中播出。消息很快在村内村外散播开去！“省电视台的记者下来采访啦！L村上电视节目啦！据说是因为L村的环境污染问题……”人们开始议论纷纷。在20世纪90年代末，能够上省电视台，对于这样一个普通的小乡村来说可算得上是一件大事。事情很快得到了解决，乡政府、市政府以及环保局的工作人员很快拿出了问题的解决方案。第一，将池塘的污水抽干后填平；第二，要求住在池塘周围从事肠衣加工的家庭根据经营规模按比例集资，赔偿苗家的损失，共赔付人民币8000元整。苗终于可以在村人面前扬眉吐气了。

3.2.3　环保之路，还有多远

苗的问题似乎就这样得到了圆满解决。单从苗的维权之路和维权的结果来看，人们也许会把苗的行为判定为一次环境维权行动，不知内情的人甚至会把苗看成一名“环保英雄”。然而，走到问题的背后，我们通过深度的访谈便揭开了这层面纱，还原了事情的本来面目，也就是我们找出事实所是的样子，即事物的本真。用阐释人类学当前流行的方法，就是采用厚描[①]（或称深描）的手段，通过对当地文化的

① 深描也称厚描，是人类学的一种研究方法。格尔茨的解释人类学以深描概念为其核心，在其论文《深描：迈向文化的阐释理论》一文中，格尔茨给出了他个人对于人类学研究思考的成果。他借助赖尔的“深描”一词来表达对于民族志的写作要求。转引自澜清：《深描与人类学田野调查》，《苏州大学学报》2005年第1期。

解读来理解行动者行动背后的原因。

对于长期以来L村存在的污染问题，本村人并不在意。事实上，苗如同村里的其他人一样，从一出生就面对着周围这样的环境，呼吸着这样的空气。《孔子家语》中有这样一段话："与善人居，如入芝兰之室，久而不闻其香，即与之化矣。与不善人居，如入鲍鱼之肆，久而不闻其臭，亦与之化矣。丹之所藏者赤，漆之所藏者黑，是以君子必慎其所处者焉。"这番话虽然与我这里谈到的问题所指不同，是在告诫人们谨慎选择与其交往和相处的朋友。但他用来说明自己观点的论据却正是L村人的真实写照。几十年如一日生活在这个散发着恶臭的村子里，目睹着这渐浊的池水，人们的嗅觉和视觉早已变得迟钝，变得视而不见、嗅而不闻了。他们虽然也会觉得脏，但绝没有一个外来人的感受那样强烈。他们的头脑里没有"污染"二字，也从来没有试图将本村的环境与"污染"二字联系起来。《家园》对L村水污染问题的曝光，也许算是为L村村民上了一堂环境教育课。他们也许到那时才稍微有点明白，原来在自家房前屋后排放脏水也是有人管的。甚至苗本人也是在事件之后才弄明白，事情之所以这次能够顺利得到解决，并不是因为他家房屋财产遭受损失的程度，而是因为池塘面临的严重污染问题。

对于L村的加工户来说，在这件事情上，他们与受害者苗有着不同的观点和利益。首先，池塘是大家共有的池塘，任何人都有权将自己产生的废水排进去，所不同的是加工大户排进的废水要多，而小户排的要少些。将家中的生产、生活废水排进池塘是他们经过理性权衡的结果。对于个体加工户来说，他们在这样选择的基础上，实现了个体利益的最大化，即省时、省力、省钱。然而，池塘的容纳能力是有限的。当周围的加工户都选择这么做的时候，池塘的环境就会被破坏。长期以来，村民向池中丢弃的废旧塑料制品（塑料袋、小的食品

包装盒）以及废水中沉渣的长年淤积致使池塘水下渗的能力逐渐减弱。一到雨季，本来已经接近饱和的池塘已经不再有接纳地表径流的能力，致使臭水四溢，殃及周围。村民回忆说，每到那个时候，大街小巷都是散发着臭味的污泥，难以行走，村中一片狼藉。同时，池塘在夏季成了蚊蝇的巨大温床，苍蝇蚊子到处乱飞，甚至蚊子大白天叮人在这里也是常事。加工户也生活在其中，无处逃避，他们也要整天呼吸着臭气熏天的空气，也要在雨天踩踏这泥泞难行的街道，当然蚊蝇对他们也不会客气。他们既是受益者和致害者，同时也是受害者。

此处的情形，非常类似于日本环境社会学家所说的受益圈与受害圈重叠的类型，也类似于加勒特·哈丁（Garrett Hardin）的“公地悲剧”模型。“假如一群牧人共同使用一定面积的公地——草场，如果所放家畜的总数在草场承载量的范围之内，他们就可以持续使用作为公地的草场并获得利益。然而，每个牧人可以通过增加自己的家畜头数来增加自己的收益。他个人得到收益的结果是导致整个草场由于过度放牧而状态恶化。不过，由于草场恶化所造成的损失会分摊到利用这个草场的所有牧人身上，所以比起增加家畜头数所得收益，这个损失是轻微的。把自己的直接利益最大化的合理行动就是每个牧人都增加家畜的头数。但这种行为的累积结果就是，因过度放牧而导致公地（草场）荒废，最终大家一起受损。这样在追求个人利益的过程中导致自我毁灭的悲剧。”[①] 所不同的是，哈丁的“公地悲剧”模型中，所用的公地是草场，行动主体是牧人。而这个案例中的公地所指是池塘，行动主体是肠衣加工户。但实质是一样的，他们都导致了日本环境社会学家船桥晴俊所说的社会两难论（social dilemmas）。在L村，

① 包智明：《环境问题研究的社会学理论——日本学者的研究》，《学海》2010年第2期。

村西池塘是公共的，也就是它属于全村人的池塘，任何人对这个池塘都享有使用的权利，因此，村中的肠衣加工户可以不受限制地对其加以使用。对于单个加工户来说，选择向池塘中排污是私人的合理行为，其经营规模越大，向池塘里排污越多，其私人获益也就越多，然而在各个加工户都毫无顾虑地向池塘排污后，污水污物过多已经超出了池塘的承受能力，加工户面临污水无处可排的境地。

从政府部门来看，对于村内环境问题的前后态度的转变，也值得我们深思。受害人前去当地的基层政府（乡政府）讨说法时，政府领导的态度是“傲慢”“冷淡”“事不关己”（那个当官儿的说：“这事儿我管不着，你去找环保局呀!”）。因此我们可以把乡政府的态度定为“推”，即将受害人推之门外。受害者接着去找环保局（几次电话、后来亲自前去），环保局工作人员的态度是“好”“客气”“提什么条件都答应”，然而事实上是只说不办、取样后杳无音讯。由此，我们可以把环保局的态度定为“拖”。基层政府的“推”“拖”之举，使事情一直得不到解决。无奈之下，受害者只能“越级上访”，投诉电话打进省环保局，媒体介入，舆论压力与上级政府压力一同压了下来，地方政府慌了手脚，赶忙联手紧急处理此事，商谈解决之道。商议的结果是将污水抽调入村东引黄灌溉水渠（东沟），池塘填平，各户生产用水排向东沟；赔偿受害人 8000 元经济损失。地方政府由“推”“拖”至“快速解决”此事，态度完全处在两极，之所以会出现如此大的转变，并不是环境污染状况的严重程度使然，而是上级的重视与媒体形成的压力。

从事情的最终结果来看，池塘虽被填平，但污染并没有得到有效治理，加工户生产经营所产生的污水并没有减少，也没有经过任何形式的处理，而只是发生了转移，集中排向村东沟渠。在某种程度上，甚至可以说该村的污染正在以某种形式扩大化，因排向农业生产灌溉

用沟渠，污染不再集中于村庄内部，而是向周围村落进一步扩散。从而，加工业所产生的污染危害进一步转嫁给非受益群体。因此，此次维权行动算不上真正意义上的环境维权行动。

3.3　东沟事件——多方利益博弈

水是生命之源，对于农业社会来说尤其如此。东沟位于 L 村的东边，是当地引黄灌溉沟渠的一部分，雨季也用于排洪。自从 1999 年村中的西湾被垫平以后，东沟就成为村中加工业生产废水排放的唯一渠道。由于肠衣加工过程中使用大量的工业用盐，肝素钠的提炼除了用盐之外还会用到火碱、盐酸、双氧水（过氧化氢）、乙醇等化学物质，废水中的盐分和酸碱度严重超标，这些废水一旦进入农田，就会导致庄稼枯死。2000 年以后，L 村与前后两个村落几乎每年都会因为灌溉用水问题而引发冲突和争议，两个村落的村民通过信访与上告的形式来表达对 L 村排污的不满。为了堵住 L 村的生产废水不至于流入他们的农田，两个村落都在村落的交界处筑起了拦水坝，这样 L 村段的水渠成了一个不再流通的死渠，此段沟渠专门用于 L 村的污水排放。然而，即使筑起了拦水坝，污水依然有渗漏的机会，在多雨的季节，更是会有污水溢出的情形。2010 年和 2012 年雨季，因污水冲开拦水坝而造成积蓄多年的污水全部流入上下游河道，造成临近村落水体的严重污染，引发了两次引人注目的群体上访事件。分析两次群体事件的起因、发展过程及其结果，对于理解当地人民的环境价值观念及社会心态具有重要意义。

3.3.1 两次污染突发事件

第一次突发事件（以下称 E1）发生在 2010 年 8 月份，这时正值雨季，降水量较大，L 村东沟渠的积水将上游的水坝“冲”开，渠中的积水几乎全部流入上游的沟渠中。水自古以来都是顺流而下，由上游向下游流动，如今这里却出现了反流现象，似乎是一种悖论。然而，知道个中原因的人不难理解，在这里河水倒流却是情理之中的事情。由于 L 村段的沟渠之水早已被上下游村落的村民用拦水坝拦住，村内产生的污水不能再像若干年前那样可以随来水流走，而是长期留存在这里，除了下渗和蒸发以外没有其他出路，沉淀下来的淤泥越积越厚，村中从来没有人组织过掏挖河泥，因此河面逐年上升。而 L 村上游的村落由于主要从事农业生产，将灌溉用水视为命根子，则是倍加珍惜，村里人希望把更多的水留在这里，以备旱季所需，村委经常组织人开挖河泥，沟渠越挖越深。因此，拦水坝一旦被冲开，污水全部倾巢而出，进入到 L 村南的沟渠里。污水不仅污染了沟渠里的水，沟渠附近的地下水也同时被污染。L 村南的前村饮用水被严重污染，距离沟渠较近的住户很快发现自己从井水中汲取的饮用水变成了红色。消息在全村迅速传播开来，饮用水变红的消息使他们震惊，也让他们愤怒。他们再也压抑不住多年来对 L 村向生产用沟渠排污的不满。在村落精英的号召和带领下，无论男女老少，每个家庭都派出一名代表，共组织了 80 多人的上访队伍，由村里的农用车将这些代表运往市里，到环保局上访，到市政府门前静坐。这件事情引起了市委市政府的高度重视，事情很快得到了解决：第一，市政府责成前村所属的 HJ 乡政府处理此事，很快给受害村民送来了桶装饮用水，每个家庭每天两罐桶装水的供应标准；第二，为该村村民接通自来水管道，所需费用由市财政出一部分，XD 乡政府出一部分；第三，将拦

水坝加固，流入前村村段的污水被前村人用潜水泵调回L村的死渠中，直到前村村民满意为止，费用由L村加工户承担；第四，前村人要求因L村的污水对前村庄稼造成的后续影响给予赔偿。

第二次突发事件（E2）发生在2012年8月份，又是一个雨季来临，当时笔者正在L村做田野调查。持续的阴雨天气使得全县大部分乡镇都出现严重的洪涝灾害，L村也不例外，连续半个月之久的降雨使得村内低洼的房屋被雨水围困和浸泡。村东沟渠的水面很快与地面齐平。沟渠下游、上游拦水坝先后被洪水“冲”开，污水进入上下游流域，沟渠下游的后村村民当然成了最严重的受害者。虽然是雨季，正值水满为患的时候，后村村民不会用沟渠的水灌溉田地，但是后村村民清楚地知道，部分污水已经渗入地下，污染了他们的地下水源，同时随洪水涌过来的污水和污泥也将对未来的灌溉用水产生深远的影响。同样是在几个“村落精英”的带领下，后村共组织了30多人的上访队伍，开着农用三轮车去其所属的XD乡政府上访，要求给予一个公正的处理方案。乡政府通知后村村支部书记赶到乡政府做上访人员的工作，将上访人员劝回。而上游的前村村民此次的反应并不强烈，因为这次污水主要向北流向下游，冲进上游沟渠的污水也大部分被水流压入东向河道，因此对于前村的影响远比不上上次强烈。前村村民对此次污水越界事件选择了沉默。

两次群体上访事件的起因都是拦水坝被“冲”开，污水进入邻村沟渠段，造成严重的污染，但事情处理的结果却相差甚远。为什么会产生如此大的差异？两次事件有什么实质性的不同？两次事件的发展经历了怎样的过程，由哪些相关群体介入，其观点和态度又如何？深入分析人们的心态和行动策略，有助于我们理解当地人民的环境价值观念。

3.3.2 守坝与开坝

在E1事件中，接连几天的阴雨天气使得死渠里的水面迅速上涨。对于这样的情形，L村加工户看在眼里急在心里，心里抱怨着老天爷为何会下这么大的雨。同时盘算着该如何让水面降下去，以便不会影响自己的加工业继续生产。当下的唯一选择似乎就是开坝放水，让死渠里的水混着雨水流入两侧活渠里去。当然渠水自己冲开拦水坝进入活渠，在村民看来算是最佳的选择，但是由于多年来邻村的防御设施（拦水坝）不断得到加固，要想被雨水冲开也绝非易事。于是各家都盼着村里有人出头前去放水。然而，这于情于理都是行不通的，人为放水会遭到周围村庄的强烈反对，L村村民对于这些污水进入活渠后的影响也心知肚明。L村人知道名正言顺地前去放水当然不行，因此只能选择偷排。而此时此刻与L村相邻的前村村民的心情也同样复杂与紧张。村委组织人员时刻不停地监视着拦水坝的状况，生怕雨水冲垮大坝污水倒灌过来。不时地到拦水坝前来查看水情的L村村民让前村村民异常紧张，甚至有几个前村村民自愿组织起来冒雨监视水坝的状况。因为害怕与前来的L村村民发生冲突，前村村民躲在一人多高的玉米地里，偷偷地监视着形势的变化。但是，大坝最终还是被挖开了。

去年夏天，事情都惊动市政府了。大坝开口，东沟的水溢到前面村的生产沟里，据前村里的人说是我们村人故意挖开的，而我们村里的人说是水量大自己冲开的。闹了十多天，乡政府的人每天都在这里。距离前村生产沟渠近的人家用手压井提取地下水喝，他们声称井水不能喝了。是真不能喝还是假不能喝我们不知道。村民闹到市里，市长亲自下命令，要求乡政府赶紧处理此

事，两个乡镇（政府）自己偏向自己。那段时间市里派人住在我们村，日夜守着那个大坝，因为前村担心我们村里的人偷扒开水坝。最后的解决办法是把流过去的污水用潜水泵又抽了回来，一直抽到这边的水满了为止。但是抽是抽不干净的，水已经混合了。据说，市里、本乡、HJ乡三方各出了一部分钱，为受害村安装了自来水，接了别村的深水井。从那以后，他们村与我们村之间的大坝打得非常高，特别结实，想扒开都费劲，就像铜墙铁壁一样了。人家怕了！（2011年8月，访村支书妻子）

（村会计）那年夏天，前村的大坝开了。前村人说是L村人挖开的，告到市里，惊动了DZ公安和LL公安前来破案，但实际上到底是怎么开口的，谁也说不清。（支书妻子插话）听说是村里有人告密告诉了前村人是本村人挖开的，前村支书打电话告诉我们当家的。（村会计）挖是肯定被人挖开的，关键是水快满了，也快冲开了，肯定是有人挖了两锨，没想到越冲越大。（支书妻子）关键是咱村不偏袒咱村的嘛，挖开（大坝）污水过去了，公安来人还不得把人抓走呀，所以干脆就说是水大冲开的，也就没办法了。

2012年8月，连续的大雨造成L村所在市大部分地区积水严重，形成洪涝灾害。L村也在雨涝范围之内，大量的雨水流入村东死渠，水面已经接近与地面持平。村中有些地势低洼的房子及院落已经积水，然而天气依然没有转晴的迹象。L村有人扬言要把拦水坝挖开，将洪水泄去。深受污水侵害的前村村民早就夜以继日地轮班守候在拦水坝旁，以防2010年那场悲剧重演。L村所在的XD乡政府也派人送来20麻袋石灰，帮助加固与HJ乡接壤的这个拦水坝。结果是北边的拦水坝先被“冲”开，污水向北涌去，之后南坝也被“冲”开，一部分水向东、向南流去。这次污水对前村的影响没有2010年那样强烈，主要原因是大部分污水流入北部沟渠，流入南段沟渠的污水只占少部分，并且因洪水的流势被压往东部沟渠。

前村支部书记：L村的黑水这些年光（总是）往我们村沟里泄，堵了，这次又开了，挡了一米多高（这次又挡了一米多高）。我们发生矛盾有三年了，2010年他们把黑水放过来，可把我们害苦了！那年跑过来那么多黑水，我们沟里的鱼都死了。大大小小的鱼漂得到处都是，那么大的鲶鱼呀，可惜啦！我们录的有光盘，（当时的情况）上面都有。他们可把我们庄子糟蹋苦了！这几年地刚种过来（被污水污染的地刚刚恢复正常生产）。它这个水熬肝素钠熬的有火碱、盐和刮肠子刮下来的肠黏膜，肠黏膜流到水里会发糟（腐烂），水又黑又臭。那年亏着浇完地了。今年春天我们村里用沟里的水浇地，河底的水还是发红呢（呈现红色），上游来的黄河水抽完后再长出来的水还是红色，它沉淀下来的水还有污染咧，浇地后庄稼苗都变红了，根本不长。当时我们村里的人都吃沟边的地下水，结果从简易机井里抽出来的水都发红了。我们村告到市里。前年市里化验说这个水有害无毒，就是盐分和硫酸（盐酸，肠衣加工业和肝素钠的提炼过程中有时会用到盐酸。谈话中的硫酸是口误）。今年我们派人盯着，但我们的人不敢靠前，远远地看着，害怕他们村里人来得太多打起来。如果他们硬要掘开（大坝），我们的人也没有办法。今年他们往XD放了些咯，过来的水并不多，这次水主要流到XD公社（现在称乡，而当地村民还一直习惯于人民公社时期的称呼，称乡政府为公社，村民为社员）去了，来这边的水出来后简直顶着上（向）东（流去）了。一看水涨，现在我们已经加固到和我

们村的地面平着了。在我们村的西面一直通到L村，断面600米，上口30米的水面，在我们村西面开口了，把人家西边窑湾子里的六七亩棒子地（玉米地）给冲了，没有冲着主干沟。这不，早上我到那里看了看，准备吃饭后来堵（加固大坝）。吃饭的工夫，他们就把大坝扒开了。有20分钟的空儿，他们来人就给掘开了，冲着大沟给开开了，但是他们北面也开开了。我们没看到是谁开的，但肯定是他们开的。我们这边的大坝筑了有三四米宽，上面压的石灰，石灰上面垛着袋子，上面的袋子有一米多高。如果不是故意掘开根本冲不开。但是L村地势洼的人家肯定是急了，水坝给掘开了，往北面挖开了，往我们这面也挖开了，想必是先挖开的北面大坝。最后我去的时候，L村那个沟里都流干了，他们村这些年常年往沟里排污水。没有挖过淤泥，所以沟底比较高。而我们村段的沟渠和北面后村段的沟渠挖得很深。

后村村支部书记：L村的水有（肠）黏膜、盐和火碱。这些年对我们前后两村的影响很大。前年前村大坝被冲开了，今年我们这边又被冲开了。我们一看水快满了，怕黑水流过来，在那里守着。半夜12点我们还在那里守着呢，当时没问题，到凌晨4点多我们大队上的人去看，坝就开了，水流得很快，他们那面的水面与我们这边相差好几米高，等明天（天亮）的时候水都流干了。水过来把我们村的桥都冲坏了。不管是大水冲开的，还是他们村人扒开的，他们的脏水积攒了好多年了，脏水都过来了。

加工户A：大坝被水冲开了，打心底里来说我们是欢迎的。为什么呢？我们要加工肠衣，水满了我们还往哪里排?! 所以，无论是大坝被水冲开、还是被人扒开，我们都欢迎，因为对我们有利。

对比两次污水冲毁堤坝事件，我们不难看出，人为的因素比较大。E1 事件中，虽然当时的降雨并没有造成严重的洪涝灾害，但是因为死渠常年接收来自加工户的污水排放，已经存有大量积水，加上大量雨水的混入，已经接近满溢。在这种情况下，最沉不住气的就是村内的加工户，因为照这样的情形发展下去，他们不仅没有办法进行加工生产，污水还会有回灌到他们家里的危险。在此情况下他们的最优选择就是开坝放水，借着洪水之势顺便把污水放掉，既能为自己找到开脱的理由，又能趁机清空污水，为下一步肠衣加工业的继续发展扫清障碍。由于村内肠衣加工户众多，偷挖大坝之事即使猜到是肠衣加工户所为，也因涉及的嫌疑人太多，无法判定是谁所为，开坝者可以轻易逃避责任，即使上面追究下来，责罚也是大家分担。“有利共享，有难同当”也是天经地义的事情。挖沟者在加工户心中只能是“英雄”，成为他们感激的对象，而不会遭到抱怨和责骂。

大坝的守与开反映了不同群体的利益所在。对于 L 村加工户来说，死渠作为排污池是他们加工业的一个必要组成部分，死渠满了，他们的加工业废水就无处可排，加工业就得停止，他们将遭受巨大的经济损失，这是他们所不能容许的。而对于以前村和后村为首的上下游流域来说，大坝一旦决口，污水将污染他们的灌溉用水，即使在雨季无须用水灌溉的情况下，污水也会对他们形成巨大的影响。这些影响中首先要数污水对于他们的地下饮用水源的污染，这直接关乎村民的日常生活和身体健康。其次，被污染的河水也会积蓄下来影响到未来的灌溉用水，从而进一步影响到当地农业的发展，其潜在的危害难以估量。因此，在大坝的守与开的行动选择当中，L 村加工户与周边村落的村民具有矛盾的利益关系。在调查的过程中，我们发现各方都在试图使自己的行动合理化。有意思的是，受害方在掌握着正当话语权的同时，却在为致害方的行动选择寻找开脱的种种理由。

3.3.3　红水与洪水

E1 群体事件的爆发，源于前村人发现平日清澈甘甜的井水，一夜之间变成了浑浊的红水。惊得目瞪口呆的村民马上反应过来，清水变红的原因是 L 村污水进入到他们的活渠，从而污染了渠边的地下水所致，而前村的取水机井都沿着河边分布，距离水渠的直线距离一般都不超过 100 米。因此，地下水的变化能够很快在人们的饮用水中反映出来。饮用水是人们的命脉，是须臾不可缺少的东西。水变红的消息在全村迅速传播开去，人们议论纷纷、惶恐不安，人人都担心自己已经喝了污染的脏水，怕会有疾病发生在自己身上。激动的人群赶往村委会，要求村委会领导为他们做主。作为受害者之一的村支部书记当然不敢也不会怠慢，马上汇报乡政府领导，请求指示。前村与 L 村分属不同的乡政府管辖，因此，在这次污水越界的事件上，HJ 乡政府有着鲜明的立场。那就是作为前村的上级政府，理应为村民的利益做些事情，至少在这件事情上不会压制村民表达意见。但前村所属 HJ 乡政府与 L 村所属的 XD 乡政府是平级的关系，问题交涉起来有一定的难度，也缺乏力度。同时政府领导也不想给自己添麻烦，示意前村支书向市里反映情况，可以去环保局和市政府解决问题，乡政府则退到后台为村委支招，前台表演的事情当然应该交给受害村民。

前村支书：2010 年农历七月十四日我们上的市政府，俺们找的市政府，不是去说这件事吗，市里答应给安装自来水，安装自来水之前乡里给送的矿泉水。

访谈人：你们没有找环保局吗？

前村支书：找了，环保局管不了，环保局（领导）不见，关着大门呀。环保没人，锁门，找不到人，领导不接见，让几个妇女在那里，根本不管事儿。头一天去得有点晚了，中午11点多了，他们说下班了。第二天去了，他们说领导不在，我们把污染的水都用瓶子带去了，人们把被药死的鱼也提到环保局里去了，他们躲了。实际上他们收了人家（L村肠衣加工户）的环保费了，他收人家的钱了，每年都来L村收钱，每年都罚几万元回去，罚了钱就不管了。环保局什么说法都没有。我们又去市政府，市委办公室主任问我们有什么要求，我们提出条件，一个是解决我们的吃水问题，再一个就是把过来的污水都抽回去。乡里安排了一台18马力水泵，加上我们村的3台水泵，4台水泵抽了5天也没有抽完，末后（最后）实情没有办法了，他们村里支书和社员都央求我们，我们一看总不能把人家村子淹了，淹了人家村就没意思了，就停了。村里的水是喝不得了，今年浇地时抽出河底的水还通红呢。

当时去市里上访的是村里选的代表，村里当时去了七八十口子，市委相关领导要村民把我叫去，告诉我市长和书记当时都在外面出差，听说市长当时出国了，市里打电话去，说领导们回来，马上解决我们的问题。市委书记打电话马上让我们乡的书记解决这个事儿，给我们安装自来水，自来水装好之前，先给我们送矿泉水喝。

我们当时去环保局和市委是一趟道，第一天去了，第二天又去了，我们村拉砖的车、三轮车都去了。去环保局两次都没有找到人，后来我们从市委回来又去了一次，合着我们到环保局去了三次，始终都没有见到人，俺把那水都放到环保局咧。上（到）市里找了两次后，乡里开始插手此事。

访谈人：那你们那么多人去市里上访，乡里当时知道吗，不通过乡里的话算不算越级？

前村支书：不越级，俺不是跟乡里联系了嘛。我跟市里敢这么说吗，你能出卖领导吗！你说是不?！我们去市里怎么能不通过乡里呢，我们肯定和乡里打过招呼才能去。俺不跟乡里打招呼，咱咋知道找市里嘛?！乡里不让俺咋说俺咋说吗，当然这话儿你要为俺保密，你可别说出去。水一过来俺就给书记打电话咧，人们（村民）不急了吗。

现在这件事已经发生了3年了，现在抽出来的水就不能喝，通红通红的。俺们这两边几十户人家，饮用水都是围着沟沿儿打的井。我们都用的是简易机井，二三十家子用一眼井，打了四眼机井，机井有14米深。我们就吃这水。水都被污染了，抽出来就是红的，不能喝。

访谈人：不能喝了?

前村支书：不能喝，门儿也没有呀！腥气！

访谈人：你们什么时候发现水变红的呢?

前村支书：就是污水过来就红了，以前这里的水很好喝，很甜，这是黄河水。在别处打的井不甜，在其他方向打出来的水没有黄河水好喝，就是有点儿咸，可不是这种红水，不是这种污染水给污染了吗。

2010年农历七月十六日，由乡里组织，我们联合周边五六个受害村庄联名以受害者的名义向法院起诉L村40家肠衣加工户。乡党委书记给我们出的这个主意，我当时就觉得没用。我们书记说法院的院长是他的战友。他说可以管这件事。当时我们起草了诉状，状告L村肠衣加工户排放的污水污染了我们这些庄的地下水和灌溉水，要求恢复什么原生态什么的，好像是叫“原生态”，记不清了，赔偿我们这些庄子的损失。当时法院的人扛着摄像机，来我们这里照相。可最终也没有结果。后来，法院的说法是

（我们）起诉的人太多，他们说这么多人告谁呀?！所以没有办法受理此案。

这不，今年水又过来了，人们今年又想说，我说别说了，咱（支书）当中调节，村里人也就算了。我想就不给政府找麻烦了，这次影响也不太大。

E2 群体事件的发生，同样是由于大坝决口 L 村污水进入生产沟渠所致。这次上访的村庄是后村，因为靠近后村的大坝首先被“冲”开，污水大部分向北流向后村的生产沟。所不同的是，这次污水的到来并没有使得后村的饮用水变红。原因有二：其一，后村村庄住地与 L 村距离相对较远，水污染不能很快、很明显地反映在饮用水上面；其二，这次事件的发生是在一个特殊时期，全县甚至全省范围内大面积突降大雨，洪涝灾害严重。这次污水进入生产沟是与周围大量雨水混杂在一起的，大量的雨水稀释了污水的浓度，且部分污水随着水流冲向远处，污染面扩大，污染程度相对也就较上一次污水泄漏事件的影响要轻。然而，后村由于地理位置的关系依然是最严重的受害者，村民明白这些污水对于他们的潜在影响。吸取 2010 年前村上访的经验后，村民也决定闹一闹。村中有两个带头人组织起 30 多人的上访队伍开着农用车去 XD 乡政府上访，要求给他们村一个说法。乡政府当时正在遵照上级的指示准备预防并处理洪涝灾害事宜。对于这次上访事件采取的是大事化小，小事化了的态度。因此，见到后村的上访代表，马上电话告知后村支部书记前来领人，把上访代表劝说了回去。这次上访没有取得实质性的结果。

L 村加工户 A：这不，大水又冲开了，冲开好呀，水都流出去了，都见到底儿了。

访谈人：那下游的人干（同意）吗，你们村的水这么咸?

L村加工户A：不干也没办法呀！当前的形势是防洪，防洪是国家大事儿，一切都得为防洪开道，谁敢拦?!拦那是犯法，谁敢与政府作对?!再说了，这点儿水冲到下游去了，混到大河里去就没什么了，都稀释了，这点水不算什么！我们村的水就是有点盐，又没有毒。

前村村民A：前年脏水都流到我们这里来了，可把我们糟蹋苦了，水都不能喝了，都红了，你是没看见，通红通红的，人没水喝可怎么活，这事儿放在谁身上也不能干，你说对吧?!我们村到市里把他们告了！今年雨水大，他们沟里又满了，他们又把坝给扒开了，听说脏水大部分向北边流过去了，我们这边也流过来一些，但是这次比上次轻得多多了，也主要是流到东边沟里去了。

访谈人：他们把大坝扒开你们能干吗?

前村村民A：哎！没办法，不干你能怎么样?!到哪里说理儿去?!人家说水大自己冲开的，你又没看见人家扒。听说他们村里有些房子都快要被水淹了，房子泡塌了怎么办呢，人家当然急了，不扒开才怪呢！这次对我们的影响也不算太大，有人说要找，但人们心不齐，也嫌麻烦，干脆就不找了。

访谈人：听说这次L村的污水又流到你们乡的生产沟里来了，影响到不少村子吧，群众没有意见吗?有没有什么反应呢?

HJ乡政府干部：什么反应呀，没有，主要是他们现在也不用沟里的水浇地，现在到处都是水，到处都在排涝，排涝是当前最重要的任务，人们顾不得这么多了！

后村村支部书记：今年我们村里又有20多口子人开着农用三轮车去乡政府上访，乡里打电话让我把人带回去，说现在是洪涝时间，污水放过来也没有办法，不能淹了人家的房子，因此我们村上访代表提出的要求没有办法解决。就是说大水不能淹了他们村的房子吧，但也不能流到我们这里来呀，让我们受损失，雨水又不是光我们这里的，出现这样的局面是他们自己排污造成的，要是他们不往生产沟渠里排污，就不会是现在这个样子。当然，不能眼看着淹了人家房子，可是不给我们损失补偿按说也是不合理的。

3.3.4 事件中的利益相关者分析

通过对于两次群体事件前因后果的对比，我们看到这里呈现出两个特点：第一，显明的利益关系格局——（受害方 vs 致害方）vs（第三方），同时随着第三方主体卷入数量的多少与层级关系的不同，三者之间的关系也会随之变得复杂，且这种关系直接影响着事件的进程与发展方向；第二，人们对于环境的认知与人们的直观感受相联系，同时亦受到乡村伦理的制约。

3.3.4.1 致害方——经济理性与道义非理性

对于L村的肠衣加工户来说，作为经济理性人，追逐利润的最大化是他们的最终目的。如何能够顺利把加工业产生的污水排放出去且成本控制在最低是最为关键的。如果用以排水的村东沟渠水满为患，他们生产的污水将无处可排，加工业必然要停顿下来。要想不影响加工业的生产就必须使得村东沟渠始终保持一定的接纳新排污水的能力。因此，在沟渠水满为患的时候，选择“偷排”应该算是加工户的理性选择。这里的“偷排”是指将村东死渠里的污水偷偷排放到活渠里去。用加工业者的话来说：“这点水排到大渠里去是没有什么的，随大水冲走了。这点儿盐水给大水一冲就稀释了，不会影响浇地，再说适量的盐分也是庄稼所需要的，化肥中还有盐分呢!”言谈话语中，

他们都在努力淡化加工业污水排放给当地带来的负面影响，而强调本村加工业整体为当地的经济发展做出的贡献。在他们看来，他们不是“罪民”，而是“功臣”，因为他们村的加工业解决了周边上百个农业剩余劳动力的就业问题。他们认为往小里说他们促进了乡镇经济的发展，往大里来说他们为当地农业剩余劳动力提供了就业机会，有利于社会的稳定。他们更会耍“小聪明”，将拦水坝决口说成是雨水太大冲垮了堤坝。当他们的“小聪明”被戳穿时，他们也有的辩解，说是村里水满为患浸泡了低洼处人家的房子。如果这一招还不灵的话，他们还有“撒手锏”，那就是推出政府、搬出国家，政府的政策当老百姓的总得听、总得服从吧，国家大事永远是第一位的。

在经济与道义的两难选择上，他们毫不犹豫地选择了前者而把仁义道德抛给了他人。作为生于斯长于斯的土生土长本地人，他们早已熟谙乡村社会的伦理与道德，但这些规则对于他们来说只是单方面有效，而且成了他们可资利用的资源。他们既是经济人，又是社会人。用社会学的术语来说，在这个问题上他们遭遇着典型的角色冲突。作为经济人，他们是逐利的；而作为熟人社会的一部分，他们又理应遵守当地的村规民约，恪守利己不损人的信条。而恰恰在他们的加工业问题上，利己与不损人是不能相容的，只有损人才能真正做到利己。他们内心也有不安，他们深知村东死渠中的污水对于周边村落及村内非加工户的伤害。他们对于污染的事绝口不提，他们偷排偷放污水的行动以及行动后的种种小聪明与小把戏恰恰表明了他们内心的矛盾与惶恐。

加工户是最大的受益者，同时也是受害者。他们无法回避污染带来的伤害，所不同的是对于他们来说与所得利益相比，污水给他们带来的损失显得“微乎其微”。他们已经不依赖于农业的发展，甚至农业生产与他们的日常生活已经渐行渐远。他们整日里忙于“生意”的筹划与运营，无暇顾及自家农田里的庄稼或者枣树，庄稼收成的好坏、枣树结果的多少对于他们已无足轻重，因此他们舍得将村东生产沟渠变成排污沟渠，即使放弃了引黄灌溉的权利——“我们可以不种地”，即使冒侵害邻里乡里利益之大不韪——“行善不能当饭吃”，他们依然义无反顾。污水滋生的蚊虫也会叮咬他们，同样不会放过他们的孩子，这又奈何?! 这就是收益的代价，他们已经有了充足的心理准备，或者说他们早已习以为常。

3.3.4.2 受害方——告密者与抵抗者

在L村加工业排污的问题上，准受害方可以分为两大部分：村内非加工户，河流上、下游的村民。费孝通在研究我国乡土社会时用“差序格局”这一概念来解释乡土社会的血缘关系与地缘关系，说明在中国乡土社会中人与人之间关系的复杂结构状态。费孝通先生形象地将“己”看作一个中心，与“己”相联系的别人形成的社会关系，就如同水的波纹一般，一圈圈推出去，愈推愈远，也愈推愈薄①。在这里，在L村加工业造成的污染问题上，亦呈现出了这样的圈层状结构——距离污染源越近，人们遭受的污染程度越重，距离污染源越远，所遭受的污染程度越轻。空间距离的远近与血缘邻里关系的亲疏使得污染受害者的感受程度呈现出异常纷杂的状态。

3.3.4.2.1 本村村民——沉默者与告密者

在外人看来，肠衣加工业是L村的肠衣加工业。言外之意，L村整体上是肠衣加工业的受益者，在笔者看来这种说法不无道理。L村的151户中有43户经营肠衣加工业，而人口只有601人的L村其从业人员却高达700余人。去掉该村60岁以上的老人（高达98人）和尚在学龄期的孩子，至少也要从外村雇人200余人的劳动力。所谓

① 费孝通：《乡土中国 生育制度》，北京大学出版社2005年版，第27页。

"近水楼台先得月"，村内非加工户中的闲散劳动力理所当然地成了加工户首先考虑的雇佣对象，而事实也确实如此。"在我们村里，家家户户都干这个，不是自己干就是给人家干，就是现在不干的以前也做过。这活不难，只要学很快就能学会，老的少的都能，就是脏点儿。"村民B如是说。然而即便如此，加工户与受雇者之间依然存在很大的差距。肠衣加工业就如同一块大蛋糕，加工户将其切去了一大块，而只把很小的一部分留给这些受雇者。这里同样遵循资本运转的逻辑，市场经济环境下，这一切都正常得无可非议。问题的关键在于非加工户还依然从事农业，种植业在非加工户家庭经济收入中所占的比重要远高于加工户。那么他们对于农业乃至于对于灌溉用水的感情也同样高于加工户，这是不言而喻的。

于是，村中的非加工户对于肠衣加工户与肠衣加工业存在着一种矛盾的情感，那就是既爱又恨。这种爱恨情仇不仅仅产生于物质利益方面的得与失，还源于熟人社会中特有的差序与伦理。一个乡村村落内部，由于血亲与姻亲的同时存在，人们之间结成的关系网络异常复杂，不仅同姓是一家，异姓亦会是亲戚。"家"在乡村社会亦是一个伸缩自如的单位，"自家人"可以包括任何要拉入自己圈子的人，其范围可以因时因地伸缩，可以很小，小到只有己，也可以无限大，大到数不清。[①] 所以，站在村庄外部向内看，L村人皆是一家。人们"爱"肠衣加工业，因为这份事业不仅可以使自己在农业生产之余不出村就可以打工赚取额外收入，而且肠衣加工业还是我自家人的产业，是我的叔伯、兄弟、姐妹、娘舅、姑姨……的产业，因此不得不爱。而站在非加工户自己的小家庭向外看，加工户又皆是外人，他们获得的利益不会与我分享，而我的农业生产与日常生活又会受到污水

① 费孝通：《乡土中国　生育制度》，北京大学出版社2005年版，第24—30页。

的困扰，因此不能不恨。

爱与恨的纠缠将村内非加工户塑造成两类角色——沉默者与告密者。大多数人选择了沉默，因为在他们看来肠衣加工业是村内大多数人的营生，是从他们记事起就有的东西，他们从来没有想到过要反对，更没有想到过自己还有反对的理由与权利。他们认为："别人可以赚钱，我也可以赚钱，大家都是自家人，是亲戚，他们赚了钱也亏不了我们，至少不会对我们有害。"而事情也有例外，非加工户中同样存在激进的观点。在他们心里也许恨更多一些，或源于对加工户中发财致富者的"嫉妒"，或源于与加工户的个人矛盾与冲突，或痛心于自家田地无法引黄灌溉而造成的损失，抑或是对于环境质量的深切关心。他们是加工户内心的"叛徒"。他们隐藏在幕后，没人知道他们到底是谁，但他们却切切实实地存在着。

L村小商店的主人：我家不干肠衣，但是我不反对干这个，因为我也做生意，也需要挣钱。村里人有了钱才舍得消费，才舍得来我家里买东西。我干这行特别有体会，肠衣加工遇到不景气的时候，人们买东西的就少了，如果生意好，你看吧，人们来我这里买东西就舍得花钱，出手也大方。

L村村民：我家不干这个，我家主要是种枣树，也有点庄稼，但闲时我们会去别人家刮刮肠子，挣个零花钱么，这活不难，就是干得快慢的问题。我家主要是没资金，也没有这个本事，要不自己就干了。我不反对这个，人家做生意挣钱过日子，我反对得着么！像我这个岁数，出去打工也不太可能，在家门口干点活还能挣钱，也不错。至于刮肠子这活是脏点，但也没什么，时间长了适应了就好了，庄稼人没那么多讲究。

L村支书妻子：那年前村大坝开口，刚开了，前村支书就给

我们当家的打来电话，说是我们村有人故意扒开的，是我们村有人看见了打电话告诉他的。

L村加工户：这不环保局找我们，不让干了，让拿钱买污水处理设备，大家都停了五六天了。实际上也不是环保局找事儿，主要是有告的，我们村里谁拉来肠黏膜了，谁在刮肠子，这个人都往环保局里告，环保局都能知道。他就是让你干不好！村里总有人眼红的。我不干，你也不能受益。村里人本就应该相互帮助，可是都是不相互帮忙。我不是说嘛，这个人不管你是干肠衣的，还是不干肠衣的，如果祸害得大家干不了，大家知道了，主不得（做不了主）弄死你，孤立你也够你受的！一个村里乡里乡亲的，没人搭理你，看你怎么混，做事不能太绝！

3.3.4.2.2 外村村民——抵抗者与胁从者

与L村非加工户相比，前村与后村村民对于肠衣加工业造成的污染远要痛恨得多。他们属于准受害群体，是典型的受害圈成员。虽然因时间和空间的差异他们的受害感受亦有轻有重，但对他们来说，心中的受害意识却是确定无疑的。谈起L村加工业，他们有的是更多的抱怨、责骂与无奈。相对L村村民，他们整体上更重视农业，相应地也更不易放弃灌溉的权利。与L村相比，他们更不易习惯污水产生的臭气，他们的抱怨与责骂是从气味开始的，在他们意识到灌溉水被污染之前，他们早已为L村加工业污水所产生的臭气所困。他们害怕起风，风会把污水散发的浓浓臭气送到他们的村庄，他们夏天甚至害怕在室外进餐或者乘凉，空气中弥漫的臭气让他们作呕。他们更厌恶在距离L村较近的田地里耕作，夏秋之际，那里的蚊蝇使得他们不堪忍受。然而，那种连驴都拒绝走过的臭水渠岸边却有他们的庄稼，他们又不得不去。

群体性的抵抗根源于多年来的积怨，突发事件仅仅是导火索。不管是“红水”还是“洪水”都同样可以摧垮人们的心理防线，因为那里面裹挟着多年来的积怨与仇恨。激进的抵抗者当然是深受其害的村民，L村加工业的利益与他们毫不相干，然而他们却要承受加工业所带来的负面效应，不但如此，他们还要为加工业产生的污染埋单。激进的抵抗者不仅需要有强烈的受害意识，强烈的维权意识与责任意识也是必不可少的，缺少责任意识，会使得抵抗者丧失冲锋陷阵的勇气，进而沦为胁从者或者搭便车者。

有集体行动，便有可能产生搭便车困境，这本身是集体行动的难解之题，乡土社会亦不可杜绝。然而，迫于熟人社会的伦理约束与舆论压力，搭便车现象似乎可以减轻。种种约束与压力将欲搭便车者推到胁从者的位置。

前村村民：那年L村的污水跑过来，喝水水都红了，水都不能喝了，大伙都去了，有在家里的都去了，去市里告，村里人多数都去了，谁家也牵扯到了，都吃不上水，去了就是混着玩儿，显得像起哄，谁好意思不去呀。只要家里有人，基本每个家里都去个代表。

后村村民：前些天大坝又开口了，污水都跑到我们这里来了，那水可脏死了。我们村有几个人组织开着车去乡里告，去了二三十口子人。他们村的脏水可把我们坑苦了，害死人呀！这么多年了，我们一直受影响，夏天最严重，那臭味风一刮就过来。挨着这样的村，你就得认倒霉，依我看上告也没用，根本没有人管，也管不了。

后村村民（群体上访的组织人之一）：我们一直受L村加工业的影响，那脏水不能浇地，浇了地庄稼就得出问题。我们为此

建了拦水坝，把水堵住了，水过不来，可是我们浇地用水也就过不来。用水不方便。种庄稼没水怎么行，我们经常上访，可是没用，没人管，这么多年了，也没有多大作用。我们不仅用不上水，每年还得缴纳黄河水费。我觉得这有点儿讲不过去，水都用不上，政府还让我们缴纳水费，这不合理！L村那些老板们是挣钱了，但是我们就得倒霉，凭什么?!我觉得就得闹，前年前村村民闹到市里，市里给安装了自来水，还给送矿泉水喝。可我们村里不行，人们心不齐，前些天下雨大，L村的脏水都跑到我们这边来了，我们组织人上访，动员了半天才去了30多个人，还是去乡里，到那里就被撵了回来，我们村的人胆小，办不了事儿！

3.3.4.3　L村支书——角色冲突与角色两难

在拦水坝的维护问题上，L村支部书记陷入两难的境地。作为一村之主，按理应该为村民的利益着想，维护村民的利益是他的职责所在，也是取信于民的资本。而利益也有正当利益与非正当利益之分，村支部书记不能为了讨好本村村民而做危害乡邻的事情，这应该是他的行事原则和心理底线。多年来L村的污水污染问题一直是他村务工作的重要组成部分，政绩上的成败荣辱与村里的加工业也是息息相关。大雨来临，村东沟渠两边的拦水坝又要面临被水冲垮的危险，污水决堤将祸害乡邻，必然引起纷争，多年的经验告诉他应该守住堤坝，这不仅仅是道德伦理的要求，也是上级政府（乡政府）领导的指示。冒着瓢泼大雨，夜半十一二点他赶到拦水坝上查看水情，一觉醒来看不到老伴的妻子必然要胆战心惊，害怕丈夫会有什么危险，等不到丈夫归来的她定然不能入眠。乡村的夜晚是漆黑的，而这样风雨交加的夜晚更是如此，四处横流的雨水淹没了路面，然而土生土长的村支书应该不会不慎走错路。说到这里也许会有人对这位村支部书记肃然起敬，把他当作是心中的“英雄”。然而，在妻子看来他是在冒傻，如果让村里人知道他去大坝查看的事，他们定然会咒骂于他，希望他掉进泥沟里淹死。在这些人看来，村支书只不过是为了自己的乌纱帽，为了吃那口公家饭而已，而这样的行为可能会断了加工户的财路。与前后两村的人心情相反，他们巴望着大雨能够冲开堤坝，污水流空了才好呢，大水冲毁堤坝那是不可抗力所为，与他们没有关系，他们不必为此承担责任。

村支书心里也非常清楚，守住堤坝是“不招村人待见”的。而让他哭笑不得的是他不仅仅不招本村人待见，同时也不招外村人待见，当他拿着工具去大坝巡视水情时，本村人明白他是去守坝，而外村人却以为他是去放水。好在乡领导的一个问询电话给他以极大的安慰与支持。在他巡视水情的时候，乡党委书记打来电话询问大坝是否有险情，并一再嘱咐要看紧大坝不要“出事”。这时，他可以向领导表明自己正在坚守岗位，尽职尽责。在理智与情感两难选择上，他选择了理智。对他来说这是“大是大非”问题，事关地方的稳定。他一直把这件工作当作政治任务来抓。

L村村支书妻子：你要站在自己村的角度上说，这（污）水碍着嘛了呀，什么也影响不着。可是外村的人就反对，水流过去，人家不能浇地。那天下大雨，（他）半夜里就起来了，他去看大坝。那天电闪雷鸣的，人家（支书）没从沟边上走，绕着过去的。他很久没有回来，我心里想是不是滑进水里去了，等了好久，听到门响了，我的心才放下。那么晚了都不知道几点钟了，一晚上弄得没合眼。那天也没电了，下雨造成了停电。他浑身都湿透了，他自己不烦吗?! 当时咱也不敢说他，怕他气不顺心吵

起来。干这工作弄得人家都烦，那天从这边经过的人看到在修坝，说歇歇吧，干这个干吗呀！人家守着不骂，不守着就骂呀！我不是经常和他说嘛，别干这个了（指村支书职务），干点儿什么不好呀，又不挣钱，还竟（尽）是得罪人的事儿！

L村村支书：这些年来修筑拦水坝都是乡里出钱，前年污水跑到前村沟里去了，污染了人家的地下水，饮用水不能用了，前村闹到市里，最后给人家接通了自来水，把跑过去的水也抽了回来，又重新筑了坝，这些钱都是咱们乡政府出的。按说是该村里的加工户出这份钱，可是村里人素质差，没觉悟。去年，乡里、市里、环保局、法院都来村了，要集资建污水处理设备。村里人（加工户）都走了，没人了。结果钱根本就收不起来。作为村支书，我也不希望罚他们的钱。现在农村工作相当难做！现在乡政府也拿不出一个处理办法。加工户有责任、有义务去办这个事，但是他就是不去办，让村干部怎么做，你找他就打起来，打起来就上访，上访以后村干部工作难干啊！现在和谐社会不能抓、不能骂。

3.3.4.4　政府部门——多重部门的多重利益与困境

作为第三方，卷入L村污水问题的主体有乡政府、市政府、市环保局和法院。那么在L村的污水泄漏处理问题上，各级政府是如何卷入的，又在其中扮演着怎样的角色呢？对于这些方面做出分析有利于我们弄清当地政府在经济发展与环境治理问题上所持有的态度，弄清事件发展的影响因素。

（1）市政府：稳定第一

L村的污水因外泄而污染了前村的地下水源，致使饮用水变红。愤怒的前村村民组成80多人的上访队伍，开着农用车浩浩荡荡地到市政府门前静坐示威，要求政府为民做主。对于政府部门来说，群体性事件是一个敏感事件，是关乎政绩的大事，决不可等闲视之，稍一疏忽就会酿成大祸，领导人头上的乌纱帽就有可能不保。因此，在此次污水泄漏事件中，市政府的行动迅速而果断。在外地出差的市长和在国外学习的书记均在第一时间做出反应，立即召开电视电话会议，马上责成相关部门“下大力度”妥善处理此事。

（2）乡政府：审时度势与息事宁人

L村处于XD乡与HJ乡的交界处，地理位置的特殊性决定了污水外泄后卷入主体的关系复杂性。简单地说，L村与前村分属不同的乡政府管辖，而L村与后村却属于同一乡政府领导。对比两次群体事件的发生、发展我们不难看出其中的差异。在第一次群体事件中，HJ乡政府对于群体事件采取了纵容的态度，甚至是幕后的策划者，他们示意前村村民去市里找领导解决问题，因为XD乡与他们是同级关系，直接与XD乡对话交涉问题必然没有力度，也不利于问题的解决。而在当前全国共建和谐社会的政治形势下，村民的集体上访必然会产生“良好”的效果。因本乡范围内村民上访是由XD乡而起，所以即使上面（市政府）怪罪下来，责任也推不到自己的头上，他们知道村干部不会出卖他们。问题得到初步解决之后，也同样是HJ乡的领导策动该乡六个受害村的村民联名向地方法院起诉L村。

与HJ乡政府相反，XD乡政府对于污水泄漏引起的民愤持有的态度则是压，“大事化小，小事化了”是他们处理此类事件的一贯宗旨。当后村村民因污水进入该村生产沟渠，村民自发集众上访时，他们要求村支书将其劝回，并用不可抗力的天灾来为这次泄水事件寻找托词。连续的阴雨天气也让他们担心会出现污水泄漏，并因此做了一定的准备工作。然而，准备工作的重点却是倾向于前村的大坝：雨中XD乡政府为加固HJ乡的前村大坝送去200袋石灰，而对于后村大坝却没有丝毫的“照顾”。我们可以将其看作是HJ乡政府的交涉使

然，抑或是上次群体事件的前车之鉴所致。由此，我们可以看到地方政府在这一问题上的态度只能算是息事宁人。

(3) 市环保局：鹬蚌相争，渔翁得利?

环保局负有地方环境质量监督的职责。L村的环境污染问题，当属环保部门的职责。然而，在L村的水污染问题上环保局始终是回避或者说是缺席的。找出环保局始终不在场的原因，是理解当地环境问题的一把钥匙。前村村民的饮用水被严重污染后，村民首先想到的并不是市政府，而是市环保部门。他们群体上访的第一站就是环保局，然而环保局工作人员不是“下班”，就是“领导不在”。在上访村民们看来，他们两次去环保局都吃了闭门羹。村民对这一现象也有自己的“合理”解释：

前村村民A：他们是拿了人家的钱了！我们前后两村因为污水问题每年都有人上访反映，他们（环保局）每年也都到L村收钱，收环保费，每年那些大老板给他们几万，他们拿了钱也就算了，不管了。

前村村民B：我们告一次，他们就收一次。那些大老板也怕我们反映问题，就私底下给他们送礼，花了钱堵住他们的嘴，就那么回事儿！人家那些大老板们有钱，不在乎这个（送礼）。

访谈人：这两天又下大雨了，怎么样，大坝这次没问题吧?

前村村支书：哼，肠子水又流过来了！把人家的庄稼也冲了！

访谈人：那该怎么办?

前村村支书：嗯，怎么办?!没法办！哼，找谁去?

访谈人：那就这样算了吗?

前村村支书：反正我打电话告诉乡里了，我们乡政府说找他们乡。哼，我看没多大作用。我说现在就是经济社会，有钱能使鬼推磨！在他村里当支书都不好当，他村的老板们有钱，说驾（把谁推下台）谁就驾谁。

谈起L村的污水问题，环保局工作人员似乎也很无奈。他们声称L村的水污染并没有太大的问题，他们曾经检测过污水渠的水样，COD的数值并不太高，关键是水中只是有盐分，并没有毒。

工作人员：L村的肠衣加工业（污染）已经是多年的老问题了，好像从建局（环保局）以前这个问题就存在了，我听着老人们（在环保局工作多年的人）说早就有这个案子。像他们村的肠衣加工业产生的污水对有的人、对庄稼应该是有影响、有污染。

访谈人：我可以看一下档案吗？

工作人员：嗯，这个案子倒是一直有，但是转过来的还真不多。污染是肯定有，但是没有这个行业或者这个东西的话还不行，还必须用这个东西。听说那个肠衣可以用在医疗中，用作缝合线。你看，没有干这个行业的话，人们还需要这个东西，你要是干吧，就有污染，所以说很矛盾。不让人家干也不现实。而现在人们的环保意识也强了，所以经常有人信访。

访谈人：有关L村的上访事件，环保局都是如何处理的？

工作人员：一般就是人们打热线电话，我们接到案子后带人下去看看。我们这里的档案都是从地区或者省里返回来的。虽然这个案子多年了，好像是也被大家接受了，知道告也告不了，人家世世代代都做这件事，你也没办法。

访谈人：向我们这里举报比较多的都是哪些污染？

工作人员：一般都是水和空气，还有噪音（污染）。

工作人员：对于有些污染问题，告也白告，告告自己就不告

了。主要是告了，我们只能监管不再让他们干了（言外之意，他们未必听），或者让他们上处理设备。关停一般还得经过市里批准，尤其是大企业。这事儿挺麻烦！

环保局档案中与L村污染有关的案例见附录1—附录8。

（4）法院：执行难与难执行

市法院的院长是HJ乡党委书记的同学，在前村村民集体上访，市政府答应按照村民提出的要求解决问题之后，HJ乡党委书记推动前村村支书联合HJ乡沿河受害五个村庄联名状告L村加工户。书记说法院院长答应可以处理此事。开始时法院还派人下来录像、取证，后来就没有消息了。据说是因为起诉的主体太多，无法执行，这事儿也就算了。

环境污染事件面临取证难、执行难或许是全国污染案件的共性。而这里或许还有难执行的问题。市法院院长是知法懂法的，对于L村这个案子也并不是接手之后才有了解。从主动要接手到最后以起诉主体太多为理由而无法执行，或许并不是单纯技术操作上面的困难。

3.4　建设肠衣小区的构想与失败

3.4.1　“发展是第一要务”与“稳定是第一责任”

发展一直是改革开放以来市场经济条件下的主旋律。20世纪80年代以来，我国的行政体制和财税制度改革使得乡镇政权的角色和行为发生了重大变化。行政分权改革以来，中央政府“把一部分财政权与人事权逐级下放给各级地方政府，以调动地方政府的工作积极性，但同时保留中央给地方规定的各项经济、社会、文化指标，作为评价下级政府领导干部政绩与升迁的标准，用以控制和监督各级地方官员”。[①] 由于这些指标或者任务中一些主要部分采用了“一票否决制”的评价方式，所以各级地方组织实际上是在这种评价体系的压力下进行运转的。荣敬本等人将这一体制归结为“压力型体制”。[②] 这一说法得到了张汝立[③]和贺雪峰、王习明等学者的认同[④]。这一概念对于解释乡镇政权行为失范具有解释力，但它却忽略了乡镇政权作为行动者自我逐利的动机。“经营者”这一概念的提出弥补了此概念的不足。最早提出这一概念的 Shue 发现，随着农村商品化经济的发展与扩大，肩负着经济责任的地方干部越来越向公司经营者的角色靠近。当将自己融入市场中时，这些政权经营者似乎是独立的，且他们会一度偏离服务于国家的既定方向。[⑤] 张静等将“经营者”概念向前推进了一步，提出乡村基层政权的“政权经营者”角色概念。[⑥] 在此基础上，杨善华、苏红进一步推进，将计划经济时代的基层政权（人民公社）称为“代理型政权经营者”，而将 1980 年以后的乡镇基层政权称为“谋利型政权经营者”。[⑦] 无论是“压力型体制”下的方向偏离，还是“经营者”

---

① 游祥斌、阎树全：《“电子化政府”的误区与服务型政府的创建》，《行政论坛》2003 年第 3 期。

② 荣敬本等：《从压力型体制向民主合作制的转变：县乡两级政治体制改革》，中央编译出版社 1998 年版，第 29 页。

③ 张汝立：《目标、手段与偏差——农村基层政权组织运行困境的一个分析框架》，《中国农村观察》2001 年第 4 期。

④ 贺雪峰、王习明：《论消极行政——兼论减轻农民负担的治本之策》，《浙江学刊》2002 年第 6 期。

⑤ Shue，Vivienne，*The Reach of the State*：*Sketches of the Chinese Body Politics*，转引自饶静、叶敬忠《我国乡镇政权角色和行为的社会学研究综述》，《社会》2007 年第 3 期。

⑥ 张静：《基层政权：乡村制度诸问题》，浙江人民出版社 2000 年版，第 49—84 页。

⑦ 杨善华、苏红：《从“代理型政权经营者”到“谋利型政权经营者”》，《社会学研究》2002 年第 1 期。

角色中的失范与越轨，其共同点都是源于上级财政政策和经济考核的压力，所不同的是前者强调的是被动的应对，而后者更突显其积极的谋取。

税费改革以后，随着农业税渐渐退出中国乡村社会的舞台，乡镇机构与县乡财政体制等也随之改革。有学者（李昌平）乐观地表示，取消农民负担后以往的“汲取型政府”必然要向“服务型政府”转向。然而，事情的发展并没有如这位学者设想的那么乐观，并且现在来看制度的惯性依然根深蒂固。[①] 学者王国平认为，从国家政权建设的发展历程来看，国家与乡村的矛盾与赢利型经纪有着莫大的关系。现阶段乡镇政权从“代理型政权经营者”到“赢利型经纪”的转变使得这种矛盾重新激化。同样问题的重复出现，是因为国家政权建设的进程走进了同样的误区。从国家政权建设初期可见，国家政权的下延破坏了乡村原有的保护型经纪和权力文化网络，从而导致赢利型经纪的激增。后期乡镇政权赢利型经纪的性质使得乡镇成了与国家和乡村争利的集团。因而，重建新型的保护型经纪和权力文化网络机制，才会取得乡镇政权和乡村关系的和谐。全面免征农业税，是国家对乡镇政权形成制约的一翼，新型保护型经纪和权力的文化网络的形成将成为另一翼。农村、乡镇和国家三者的动态平衡是国家政权建设真正完成的条件。[②]

然而，如同有些学者呼吁培育“公民社会”来解决国家的社会治理难题一样，农村、乡镇和国家三者的动态平衡依然只是学者笔端的“理想”。在当今中国，乡村社会原有的保护型经纪和权力文化网络一

---

① 李昌平：《乡镇体制改革：官本位体制向民本位体制转变》，《学习月刊》2004年第2期。

② 王国平：《乡镇政权角色变革：从赢得型经纪到服务型政府》，硕士学位论文，吉林大学，2006年，第12—26页。

旦被打破，就难以再行恢复，亦如公民社会的成长，在中国现行的国家体制中，依然缺乏制度性基础。

上有政策，下有对策。全面取消农业税使得基层政府财政吃紧，基层政府的亏空依然需要有人来埋单。农业税的取消并没有使人们彻底摆脱基层政权的“盘剥”。基层政府依然会以各种名目为地方财政“创收”。从下面这份乡镇工作汇报中，我们不难看出，税费改革之后的基层政府依然需要完成上级派发下来的各种任务与指标。“压力型体制”与“赢利型经纪”向“服务型政府”的角色转变必然步履蹒跚。

XD乡重点工作汇报

尊敬的鄂市长、王主任、各位领导：

全乡总面积41平方公里，辖21个社区（村），总人口2.7万，耕地3.6万亩。今年以来，XD乡党委政府在市委市政府的坚强领导下，加快融入黄三角步伐，积极投身于项目建设、招商引资和并居点建设工作，努力构建社会主义和谐社会，坚持以人为本，认真落实科学发展观，坚持发展不动摇，全乡政治稳定，社会和谐，经济文明、精神文明、政治文明取得了长足的发展。

一　基层组织建设常抓不懈，维稳工作局面良好

针对个别农村班子“软、懒、散”的状况，及时进行了更新，换上了富有朝气、能干成事、帮助群众致富的“新人”，保持了农村工作的连续性，为农村工作上水平打下了基础。

在搞好农村基层工作的同时，我们十分重视维稳工作。时刻注意紧紧抓住苗头和带有倾向性的问题，坚持以防为主，超前防范，建立健全了乡村两级防控网络，认真落实目标责任，及时协调解决不稳定因素，认真落实书记公开接访、班子成员包案制度，及时解决群众反映的热点难点问题，对出现的上访苗头，做

到发现及时，责任到人，认真处结，息访迅速，全乡形成了稳定的良好局面。

二　财源建设良性循环，招商引资步伐加快

乡党委政府抓住外出务工人员回乡“二次创业”的契机，下决心聚民资、集民力、集民智，大上项目、上大项目，激活了经济流通，盘活了税收，2007年市委市府分配给我乡26万元，仅完成12万元的税收任务，2008年市委市府分配我乡58万元，完成196万元的税收任务，2009年完成税收237万元，完成全年税收任务的114.5%，2010年1—9月份完成税收240.94万元，完成了全年税收任务的71.7%。

针对本乡在外打工创业人员较多的优势，积极鼓励他们回乡“二次创业”，为此，规划出土地500亩，建立了XD乡工业园区。现在由天津市津南区（咸水沽）JTS金属制品有限公司经理MJJ投资8000万元的LL市JH精密铸造有限公司项目正在建设中，该项目是整厂搬迁，现6米高、150米长、跨度20米的厂房进入封顶阶段，630千伏安的变压器已协调好，正准备安装。投资1500万元的罡隆技艺服装加工项目，目前正建设厂房。投资3000万元的自行车配件项目、投资5000万元的韩国三星电子建设项目和投资8000万元的SL制衣项目已达成合作意向。

三　小城镇建设纵深发展

2007年我们乡规划以XD乡加油站三角地带为中心，向北至工商所1000米，向东至ZKL干沟800米，向西沿大庆公路辐射300米，建设二层商居楼，一期工程2008年已完工，80户经商业户已入驻经营。二期工程正在内外装修中。三期工程正在寻求投资商，位置是248省道北侧和加油站向西延大庆公路300米处，尽早形成“一轴三翼”的建筑格局。

四　并居点建设进展顺利

ZZ社区并居点包括原ZBC、ZTC、DC、XC四个自然村，总人口2211人，规划占地237亩建设二层居民楼。一期占地50亩，建筑面积13 440平方米，可容纳112户居民入住，现正在建设中。WJ社区、ZL社区已完成建设规划，在今后的住宅建设中，村民将严格按照建设规划图纸进行建设。

五　计划生育工作稳步推进

全乡育龄妇女5904人，外出育龄妇女3704人，与河北相邻，河北的计划生育政策与山东计划生育政策有差异，针对我们乡计划生育工作实际，我们将重点工作放在育龄妇女健康查体、结扎、放环、引流产上，严密排查有违法生育现象的外流育龄妇女，积极征收社会抚养费，摸清了违法生育人员底子，取得了阶段性成果。

六　农村财务规范化管理步入正确轨道

根据形势需要，我们建立健全了乡镇经营管理服务中心，装修了经管站办公室，配备了微机、文件橱、电子显示屏，配齐了工作人员，健全完善了规章制度，全乡各村的财务报表进行了规范管理，并坚持每月报账制度，按上级要求完成了农村土地证的更新发放工作。

我们决心在市委市政府的坚强领导下，用心把握，开拓进取，与时俱进，把我乡社会各项事业继续推向前进。

XD乡人民政府（签章）

2010年10月4日

而翻阅XD乡的政府工作文件，可以看到无论在哪个阶段“稳定”与“发展”都是报告的主题。

一心一意谋发展　乘势而上创辉煌

XD乡党委书记　ZYZ

2009年，XD乡党委政府在市委市政府的坚强领导下，团结带领全乡干部群众，全面贯彻党的十七大和十七届四中全会精神，进一步加强基层组织建设，积极投身于招商引资和全民创业活动，坚持以人为本，努力构建和谐社会，认真落实科学发展观，坚定发展不动摇。全乡政治稳定，经济发展，物质文明、精神文明、政治文明、生态文明发生了巨大的变化。先后荣获DZ市平安建设先进单位，DZ市信访工作“三无”乡镇，LL市科学发展社会和谐先进单位综合考评二等奖，全市信访工作突出贡献奖，全市财源建设先进单位，全市全民创业先进乡镇，全市建国六十周年庆祝活动和十一运期间维稳工作先进单位，全市农村土地承包规范化管理工作先进单位。

在新的一年里，为了再创佳绩，我们决心重点做好以下工作：

一　抓基层组织建设，稳定干部队伍

实践证明，一支强有力的基层干部队伍，是保持社会稳定，推进各项工作顺利开展的重要保证。我们采取以下措施：一是乡里成立农村基层组织建设领导小组，由党委书记任组长，乡长、副书记任副组长，各管区书记为成员，两个副组长分别带领各管区书记着手具体工作。二是管区书记深入社区、村组，与社区党支部书记、主任座谈讨论基层班子建设情况，调查了解基层班子的思想动态、工作理念，认真总结过去一年取得的成绩，查找工作中的不足，理清工作思路，共同谋划新一年工作目标。对工作出色的提出表扬，并作为提级晋升的依据，记入单位及个人工作档案，差的进行教育引导，提出改进的目标。三是针对个别基层班子确实存在着软、懒、散情况的，又经教育不予改正的，坚决予以整改，让那些既年富力强又有工作热情，能带领村民致富的能人担任基层干部职务，使其达到年轻化、知识化、专业化，推动农村基层工作更上一层楼。

二　强化治安防范，确保社会平安稳定

根据平安建设工作的总体要求，达到化解矛盾，确保一方平安的工作目标，把维护稳定、平安建设作为乡党委政府工作的重中之重，把处结上访案件作为维护社会稳定的防线。一是成立以乡党委书记任组长，乡长、分管平安建设副书记任副组长，专职信访员、司法所所长、派出所所长、妇联主任、土管所所长、教委主任、民政助理为成员的平安建设工作领导小组，组建由分管平安建设副书记任主任、专职信访员任副主任的平安建设办公室，选出社区平安建设网络信息员，各管区书记负责所辖管区的平安建设工作，形成一级抓一级，一级包一级，一竿子插到底、层层落实平安建设工作的格局；二是乡抓管区，脱产干部包村，层层签订平安建设工作目标责任书，规定平安建设工作要达到的档次和处结上访案件的程度；三是乡平安建设工作领导小组根据各自签订的责任书，年终对各单位进行评估考核，严格落实奖惩政策，全乡上下形成齐抓共管平安建设工作网络，维护全乡平安稳定和谐发展的良好局面。

三　结合社区建设，打造乡驻地、社区驻地亮点

加快省道两侧商居楼建设步伐，今年完成ZKL干沟桥两侧商居楼开发，其中部分作为XFT社区办公区域、并居点；其次做好大庆路两侧商住楼西延规划，在省道、大庆路交汇处竖立XD标志物，并建设1200平方米绿地。积极探索社区建设经验，

制定优惠政策，吸引国内外大企业来我乡投资，开发种植、养殖项目，健全完善农村土地流转方式，盘活土地资源，促进土地增值增效，完善社区公用设施配套建设，带动社区居民居住、行路……

四 强势推进，加大培植重点项目建设力度

加大HT中信不锈钢器皿、DG养殖场、LB肠衣、LK肠衣等企业的培植力度，YF木业5月份投产，规范老来乐敬老院项目建设，争取年内培植4家企业进入规模以上企业行列。

五 重视财源建设工作，为科学发展注入生机活力

继续保持财源建设强劲势头，充分发挥PY物流集装箱运输有限公司这一全乡重点纳税企业的优势，增加纳税运输车辆，进一步提升办公自动化水平，扩大税收，开辟新的税源，为XD乡科学发展注入新的生机与活力。

……

2010年3月29日

从上面报告中的数字我们不难看出，地方政府依然承担着税收、维稳、城镇化建设、计划生育工作等诸多的职责。尤为引人注目的是，县级政府给XD乡政府下派的税收任务仅在2007至2010年四年的时间段就由26万元激增到336万，四年增长近13倍。如此迅速增长的税收任务不能不使地方政府背上沉重的财税包袱。为了完成上级下达的税收指标，地方政府必将挖空心思地利用手中掌握的资源，努力“大上项目，上大项目”。一位资深乡镇脱产干部向我透露了XD乡完成上级高额税收任务的诀窍：

咱们乡的乡镇企业比较少，税收靠什么来，就靠咱们乡外地打工人员，比如在外地跑运输的（这里指上面汇报中提到的PY物流集装箱运输有限公司，实际上这个公司并不属于本地，只是

公司法人是当地人而已）、做生意的，乡里做他们的工作，让他们在咱这里买税票。就靠这个才把税收额搞上去。咱们这里靠招商引资比较困难，这里的资源禀赋也并不是很好，就是有土地，而现在明文禁止乱占耕地，耕地动起来又很困难，因此，喊了十多年的招商引资，也没有什么成效。

上级分派下来的指标与任务需要完成，这关乎地方官员的政绩，至少也要保住头上那顶乌纱帽。因此，地方政府就要打政策的“擦边球”，也就会出现“无发展的增长”这样的怪现象。

要发展，亦要稳定。改革开放以来，特别是20世纪90年代以后，随着我国社会转型的进一步深入，利益格局重新调整，社会结构发生了明显的分化，地域之间、城乡之间、阶层之间、行业之间的收入差距都在不断拉大，社会断裂与失衡加剧，从而催生和激化了社会矛盾，引发了诸多社会问题。自2000年以来，各地因社会矛盾引发的群体性事件此起彼伏，严重扰乱了社会的治安，制约了经济社会的发展。孙立平等学者称最近十年，“维稳”取代改革开放成为内地社会气质的基调，导致社会形成“转型陷阱”。所谓“转型陷阱”指的就是，在这种变革和转型的过程中形成的既得利益格局阻止进一步变革的过程，要求维持现状，希望将某些具有过渡性特征的体制因素定型化，并由此导致经济社会发展的畸形化和经济社会问题的不断积累。而如何走出“陷阱”成为社会管理与社会发展的重大课题。①

从上面的政府工作汇报中，我们不难看出“维稳”工作的突出地位。无论是针对村级班子的软、懒、散进行换血更新，还是对带有倾

① 清华大学社会学系社会发展研究课题组：《“中等收入陷阱”还是“转型陷阱”?》，《开放时代》2012年第3期。

向性的问题紧紧抓、超前防、双保险，对出现的上访苗头，做到及早发现、干部包干、责任到人、处结认真、息访迅速。字里行间无不显示地方政府对于“维稳”工作的器重。在访谈过程中，无论是村级干部还是乡镇干部，都会有意无意地强调当前的形势，声称认清当前形势是搞好地方工作的关键。而所谓当前的形势，就是“维稳”。一位乡镇脱产干部对我这样感叹道：

> 现在基层政府的工作不好做，这两年我们这块儿压力特别大。（上面）不让敛钱了，最起码不能乱敛了，你乱敛也不行了。现在就是能敛黄河水费，但是有的村民不缴你也拿他没办法，你又不能治他，你治他，他就上访，所以根本不能强敛。可是县级部门又给你下了指标，你可不能和市里讨价还价。你只能按要求完成上级的任务，人家（县级政府）不管你怎么收，只要你总数缴够就行。所以，没办法，压力特别大。我们就得给村级下任务，一个样。村里的办法就是打小麦直补款的主意。缴黄河水费就给小麦直补款，不缴的就不给。这样有的也不行，有的村民不管这些，就是不缴黄河水费，而不给他小麦直补款他就上告，人家告你，你就得给人家，现在形势就这样，稳定第一，不能让人们闹事，闹事可不行。好在村里也有办法，现在村民好多外出打工，不种小麦，有的在地里种树，种上后就不用管了，省心。所以说向上面报的小麦面积要远多于实际的小麦种植面积，这样，直补款就多，村委有配置权，你缴黄河水费就给你一亩地的小麦直补款，你不缴就不给你。现在村里的人不好管，法律意识强了，信息灵通了，上面的政策都知道，可是素质低，素质没上去。他即使没种小麦，他看到别人拿了直补款，就也想要他那份，不给他，他就告你。这种情况也没办法，现在村里的问题相

> 当复杂。除了黄河水费外，这两年还有一个叫“一事一议”费。就是村里要办公益事业，比如修路，只要召开群众大会通过，就可以向上报，报到乡经管站，乡里报县市级审批，就可以收费，只要程序合法，就可以收钱。并且，可能是省级吧，上面也会给予一定的资金扶持，或者叫补贴也好。前两年主要是因为防治“美国白蛾”，铺天盖地，大面积推行，因为这事儿收一事一议费。今年到目前还没有，估计从明年开始，通过慢慢地宣传，人们（乡、村级干部）就开始敢干了（收一事一议费），但是这个事情必须做实了才行。如果村民不同意，现在很简单，人家（村民）一个电话就告到上面去了，村民这事儿，你知道，大家想法不一样，总有个别人（持异议的人）。现在乡里不用收农业税了，以前那些年就是整天忙着收税费的事儿。要说现在我们该轻闲了，可是现在依然非常忙。忙什么？忙着等电话，现在市里开通了信访电话，号码是12345，我们整天都在这里等电话，人们动不动就打这个电话投诉，有理儿的也好，没理儿的也好，找个事儿就投诉，上面接到电话就会反馈到咱们市里，市里就再返给乡里，乡政府就得赶紧想办法解决处理。

“发展才是硬道理”与“稳定压倒一切”的宗旨使得基层政府备感艰难，夹缝中的地方政府为了平安度日就要欺上瞒下，就要从中作梗。在中国现行的体制下，指标与任务是逐级层层下发的，而压力却是逐级上升的，所以最难的当属基层。有专家学者指出基层政府的“赢利型经纪”角色具有离间国家与乡村社会的嫌疑，然而，我们应该不难看出恰恰是这种任务与指标逐级下压的政绩考核体制使基层政府“智计百出”的。

3.4.2　骑虎难下的治污方略

对于XD乡来说，L村的肠衣加工业既关系本乡经济事业的发展，又涉及地方社会的稳定。对于全乡只有四家纳税乡镇企业的XD乡来说，如何扩大税源一直是他们的一块心病。L村现有43户从事肠衣加工生产，从业人员700多人，全村肠衣年产值已达到1500万元以上，然而目前来看上缴的利税却几乎为零，原因是该产业属于农副产品加工，且一家一户的小作坊也不具备税收条件。逐年迅速递增的税收指标驱使XD乡政府下大决心“聚民资、集民力、集民智、大上项目、上大项目，激活经济流通，盘活税收”。因此，L村的肠衣加工业就这样顺理成章地成了乡政府要“盘活”的产业，如何使得这个产业成为该乡的纳税大户成了乡政府的下一个工作目标。

在乡政府的档案文件里，笔者发现了一份有关L村污水处理情况的调查报告。报告称乡政府成立调研小组，对L村污水处理情况展开调研。调研小组成员包括村党支部、村委会、肠衣加工户代表及乡政府工作人员。调研小组共拿出三个方案来征求43个肠衣加工户的意见。

> 方案一：建设肠衣加工园区。规划出150亩土地，肠衣加工户自主在园区建设加工厂，并同时配套建设污水处理设备，村民及肠衣加工业户反映，由于投资额大，融资难，现有业户全部外迁需重新投资，业户均不同意。
>
> 方案二：在村东干沟西侧建污水处理厂。如上配套污水处理设备，需投资200万元，由于投资大，融资难，业户均不同意。
>
> 方案三：在村东干沟东侧建15亩的蓄污水池。该蓄污水池能容纳污水50000立方米，现干沟内污水29250立方米左右，能容纳干沟内污水，铺设管道将所有肠衣加工业户以后排放的污水

全部注入蓄污水池，可以节约资金，有36户肠衣加工业户同意，有7户不同意，正在做思想工作。

在表面看来，建设肠衣加工小区的宏伟构想源于乡村两级领导对于L村加工业水污染问题的解决方略。从调查报告的落款日期我们知道这份报告形成于2011年9月20日，而早在2011年4月10日在天涯社区一位署名“新闻记者”的作者的博文中，我们看到肠衣加工园区的计划实际上在调研之前早已付诸实施，而且遭到了村民的强烈反对。这篇博文的内容如下：

冒着危险举报山东省LL市L村村支书ZXH

他们被称为我们村的土皇帝，他们被我们称为吸血鬼，只要是能搜刮到农民的钱财，他们就什么事情都能做出。他们就是LL市XD乡L村村支书ZXH和主任ZXZ等人．他们把土地收回去变为已有，再把土地变成宅基地以几千元到几万元价格出售给村民，把村里的学校拆除变为宅基地高价出售给村民，并把私自出售的L村的土地款纳为已有。

现在他们又以建设小区为名骗取村民把自家种植的枣树砍伐掉，先把土地以低价租回，再高价出售给开发商建设肠衣工厂，村里有一半的土地和饮用水已经被污染，村里的饮用水都不能喝，也不能灌溉庄稼。难道为了眼前的利益要把剩余的土地都污染掉吗！

我们曾向乡政府和市政府反映举报，但都没有结果，村支书ZXH自称得到乡政府的支持，谁要阻挠就会被公安带走关起来。为了不让剩余的土地和水源污染，我们将拿起法律的武器和他们斗争到底。总有一天他们会受到应有的惩罚。现在已向纪检委等等有关（部门）举报，一些网站也会出现，希望有关领导关注。

举报内容：

山东省LL市XD乡L村的村民，现怀着极其愤怒、急迫的心情向上级领导反映，关于我们的可耕地被强行卖给他人的相关情况，希望能引起领导的重视，给予解决。L村委会支书ZXH、主任ZXZ不顾村民的强烈反对，将位于村西的可耕地50多亩以“租”的形式卖给一开发商，每年每亩给村民920元“租费”一次性给付10年，称是建“肠衣小区”，但实际上村民们都很清楚，表面上是建“小区”实际上是搞“肠衣加工厂”。为此我们全体村民强烈表示反对，理由如下：1. 该50多亩地全是可耕地，甚至还有人口地，地上还种植大量的枣树，枣树已有多年，全在成果期。可村委会现在不顾村民们的反对，强行将树锯掉，村民们阻拦，他们叫公安来抓人威胁村民。依据《中华人民共和国土地管理法》和《中华人民共和国土地管理法实施条例》的规定，国家严格限制农用地转为建设地，对耕地实行特殊保护。征收农用地的，必须办理农用地转用审批手续。而我们认为，村委会根本未经上级政府部门审批，就占用、买卖可耕地，因为他们始终未向我们出示有关手续，更未经村民会议通过，为此，我们要求必须向村民们出具相关合法、有效的审批手续，否则我们有权依据《中华人民共和国土地管理法》第七十三条之规定，要求执法部门对非法转让土地、将农用地改为建设用地的，追究相关责任人的行政责任；构成犯罪的，依法追究刑事责任。2. 在L村有多数村民经营肠衣作坊，本已给村里环境及村东的土地造成很大的污染。现在又以建“肠衣小区”为名，实际上搞“肠衣加工厂”，不仅非法占村民的可耕地，将来更会给这50多亩地甚至更多的土地造成更大的环境污染。当地政府部门只顾少数人眼前的利益，而不顾子孙后代的死活，村民们当然不会答应。基于以上事实，以主任ZXZ、支书ZXH为首的L村委会不顾村民们的强烈反对，强行买卖耕地，毁坏树木，不仅违反了法律规定，更侵犯了村民们的合法权益。在万般无奈之下，村民们只好联合上访，提出控告，请求上级领导予以重视，制止他们这种占、毁坏更低（耕地）的行为，给L村村民们一个公正的答复。

从这篇博文中，我们可以看到几个关键字：耕地、肠衣加工厂、污染。从博文的内容我们可以推断，这份投诉文件出于L村非肠衣加工户成员之手。因为他既控告村支书非法侵占、强占耕地，同时也对肠衣加工业产生的污染深恶痛绝。他坚决反对建设肠衣小区是担心“肠衣加工厂”建成之后会污染更多的土地和地下水源。这位博主具有强烈的环境意识和维权意识，更知道拿起法律的武器与非法行为展开斗争。

建设肠衣加工小区必然需要规划占地，由于涉及水污染问题而得不到村民的同意似乎是情理之中的事情。然而，随着调查的逐步深入我们发现情况并没有如此简单。从文章前面的分析我们知道L村是一个以肠衣加工为主导产业的村落，除了43个加工户外，其他村民也大都或多或少地卷入到这一产业格局中来。可以说，村民中的大多数都是该产业的受益者，而且对于该产业产生的水污染及空气污染也都基本上采取一种默许的态度。那么，对于肠衣加工园区的建设为何有如此大的抵触情绪？肠衣加工园区的建设对于村民来说到底意味着什么？几个L村村民的说法使问题的根源浮出水面。

L村村民：建肠衣城是去年（2011年）春天的事儿。村里建肠衣城，没有成！村支书他们建小区是想卖钱。河北有个地方建了个肠衣城，三百多家子（入驻），他（河北的肠衣城）就是往外卖。我村里支书也是想搞外快（赚钱），想往外卖。村里（加工户）就是两口子干，好的话雇几个刮肠子的。我去过保定，那

里的肠衣城是地上二层楼，一套需要好几十万，像我们村里，谁买呀，两口子干活，村里人买得起吗?!家业搭上也买不起呀!建成了也没人买。我们村的支书想钱想疯了!他建成了，第一没人买，第二他占了户家的地。人家凭什么让他占这个地，人家不让他占。大队强制占地，他承包户家的地10年，而他卖给开发商30年，那20年人家上哪里吃饭去?!它（建肠衣城）没有成，在农村里支书也是想钱!肠衣城建成后卖30年。肠衣城建不成，他又想卖地，支书就想把这地卖30年，但是他承包村里的地是10年。人家都种上白菜了，白菜都长了那么高了。他承包下30多亩，卖给ZXL6亩，卖了10万块钱，人家（买地人ZXL）是想盖屋，户家种了白菜，不让盖，支书就和人打起来了。打起来俺村里的人差点没死了!犯了病了，那个人年纪大，身体不好，哎呀!当时给气得脸发青，晕过去了。也没打，抓了几下，那个人上医院了，医生说去晚了的话人就完了。他开着夏利在人家白菜地压，把白菜都毁了。俺不是说嘛，现在村里的支书跟以前的地主一样，属于剥削性质的，弄一点是一点的。这个地如果上济南省厅去批，根本批不下来，超过10亩地必须济南省厅里签字，他这是30亩。还为嘛没弄成呢?村里有个住户家不动，种的树，不让刨，那家种的是苹果树。公社里的片书记（乡政府包片的书记）在这儿骂人发誓，说摆不平这个事儿的话，他就死!不也没弄了吗!现在济南有个新闻线索，记者们走遍全国都没有挡头，你上哪儿去办成这个事儿去?!他属于强制性的，怎么能办成呢?实际上支书想招商来了，盖了房子，再卖给户家，你到时不要不行。这里面还有个大的困难是水（污水）没处流，这块儿地从西边油漆道到我家西边这里，一块儿地可能是30多亩。想建肠衣城，办不了!现在自家种自家地，大队给的钱给了白给（村民没有归还），因为他把人家的树全砍了，上面都是枣树，他给的枣树钱，40元一棵，没给地钱。动不了的没给钱。乡里支持建肠衣城，如果不是乡里撑腰他支书敢弄吗?！开发了房子，卖了钱不包括乡里也分吗?！我不是说嘛，现在没正事儿了。我家属于枣树，有的是田地。为什么成不了?！他卖给人家10万块钱30年，有个户家不干，人家说你给了我10年的钱，那我那20年怎么办?！人家向他要钱去，他不给，所以成不了。实际上这30亩地有些是村里老辈子的枣树地，村里承包给了户家，3年承包一次，这些地属于集体的地，所以这些人家都同意把树刨了，一棵树村里给了40元，村里打算把地收回去。可是这些地当中还有户家的口粮地，这样的户要卖给村里的话他们想要3万元一亩，可是支书只给几千元一亩。有的户家就不同意，他们知道城边上的占用耕地补贴都是3万元一亩，所以他们也要3万，所以就谈不成。支书分家分户地去说，各家的价格估计也不一样。当时大部分人都同意了，就是一两个户不同意卖，打了起来，最后也就没弄成。你上网可以查看咱们市的帖吧，上面就有告我们村支书的情况，实际上啊，这可都是事实。我知道谁告的，我的邻居。他家倒是没有被占地，但他家与支书有仇。他这个仇是怎么结下的呢？他买了一辆新车，有下乡补贴，可能是补贴3000元钱，但需要大队开证明，大队不开证明，逼着他交黄河水费，其实国家不收黄河水费。你就是到XD乡黄河水费收一口人10元，来到村里他得收20元，至于他加了那些钱干什么，我们也不知道。户家不拿黄河水费，他就不给开证明。这里说了，黄河水费我也没拿，问题是每年的小麦补贴他也不给我。所以这个户就黑上他了，就要告他，现在正告他呢。俺村里的这个支书村里人都烦他。还有一个状况，那个人今年30岁，娶媳妇了，人家生孩子

剖腹产，人家交医疗保险费了，当时交了20块钱，可是支书没给人家录，那家生孩子了，在医院里想拿医疗卡报销去，可是农村医疗没有。人家找他，他退给人家20块钱。农村支书给人民办事的没了，包括后村的支书，也是一样，只知道吃钱。这不，我家西边的西边，支书又卖了，卖给后邻居。多少钱我不知道，反正地方不小，强垫地，但那个户家不卖地，后来和支书打起来了，把那小伙子抓起来了（派出所），在公社待了五天。支书就强卖，强卖就打仗，卖了之后，钱支书要，他说大队的地他就卖，人家不同意就得打仗。

L**村肠衣加工户：**关键是建肠衣小区加工户大都不同意，因为支书想从中赚钱。肠衣城还没建呢，他跟人们说等肠衣城建成了，他马上买一辆叫什么牌子的好车开着，听说那个牌子的车要好几十万，你听听，他就是想贪污、想赚钱！他还打了一个深水井，听说花了五六万。准备等肠衣城建成了，让肠衣城的加工户都用这个井的水，你想想到时水费肯定比现在的水费高，他还不捞回来呀！可是人们都不用这个水，现在我们村都是从别的村深井里接过来的，也不算贵，谁用他的呀！这次下雨，他打的那个井上面的房子给大雨冲塌了，大家都暗暗嘲笑支书，骂他活该！河北有个地方建了个肠衣城，这个肠衣城很大，有三百多家做肠衣的，是一个人建的。现在在家里干的很少，也就是两口人干的吧，五六个人以上的肠衣加工户，你必须搬到肠衣城去，在家里的话他不让你干呀，你想干的话罚你税，所有工商局、公安、刑警队统统一起上，罚你，不让你干！你必须去肠衣城。这个人能耐很大，他能控制税务、公安、刑警队，一起上。这个人就是有钱呀！肯定有背景！让我说呀，我们村支书也想这么干。支书并不是给老百姓办好事，就是想自己赚钱！总共一年开这万数块钱够给乡里这些人随礼（人情份子）的吗?！孩儿生日娘满月的，乡里这么多人！

前村支书：今年春天，乡里组织建设肠衣小区，（上面）批下来了，深井也打好了。他村里的几个老板不同意，推翻了（这个计划），不让建，这不就告人家支书。我说现在就是经济社会，他们老板们有钱，现在他村里的支书就不好当，他们说让人家当就让人家当，这些老板们常年跟上头人们接触着，他有钱，他说驾人家就驾人家（推下台）。他村建肠衣小区，乡里批下来，市里批下来，打算接着在前面挖湾（蓄水池），处理这个污水。这些老板们一看，吆，建了肠衣小区后这不让大队、让乡里管起来了嘛，那意思是让大队里统治起来了嘛，这可不行！这不征地，本来全说好了，这不就征不出来了。就牵涉村里的几个户，这不一个肠衣加工户 ZRQ 家的苹果树地就在规划的地里，他不让锯这个树。XD 乡的乡长说你不让锯树，你挡还不行了，ZRQ 说不行他就是挡，那个乡长说话也粗鲁，说要是弄不了 ZRQ 就管他叫爹。XD 乡书记他们上 L 村去，ZRQ 就组织村里的加工户张贴标语，什么还我土地，还我这个，还我那个，搞得那么大。他打官司打不赢，这不他认识一个人，那个人在省里，他找了这个人，这个人在省里有一定的职位，给省里打了电话说了说这个事儿，这一下就给推翻了。ZRQ 的表姐妹在市里城建部门，认识省里这个人。这个详细情况我知道，因为 ZRQ 的妹妹在我们村里。我说就是现在兴关系、找门子，要不然他打不赢这个官司。你说上面有正事儿吗，你不问问什么原因吗！因为你污染厉害，你村里这些年污染周围环境，你村里 100 多户，有 40 多家干肠衣的。人家从市里乡里同意建肠衣小区，把这些加工户集中起来，统一起来，把这些污水集中起来，再做回水处理，给他村打的深井不还可

以吗！打算后头建肠衣小区，前面挖污水处理池，来处理这个污水，人家安排的不挺好吗！他们给推翻了。你看他村的支书挨告了吧，就是这几个老板的事儿！实际上他村里真正有钱的没有几个户，他村里的加工户大部分都是骗的国家的贷款，都是指着国家的贷款富起来的，没有几个户不是从国家贷款的。现在贷款手续严了，以前不这样，只要有个保人，只要给负责贷款的人送点儿礼，一贷就是几十万、上百万，他们不都是骗的国家的贷款吗。他不同意建，是因为建了小区，他们就集中在一起了，他们走货都要通过肠衣小区，这个他们在家里你根本不知道他干了多少，排了多少污水。这个小区就相当于一个市场，统一控制起来了，国家好管理，收税也容易。人家有的户不挡，他们这些老板们就有意识地搅黄这件事儿。现在吧，乡里来征点儿税，现在的不正之风又多。他给他们送点礼，这一点儿，那一点儿也就行了，你就不知道（钱）上哪儿去了。这样，他无论干多大，他干完了一收拾，国家来征税他就说俺没干，现在买卖不行呀，你怎么办?! 就是这么回事儿。

L 村村支书妻子：这不，这边放出地来了，乡里支持，在电视上都广播了，为了 L 村的企业发展，为了造福村民，在 L 村西头放出几十亩地，来投资商买地盖房，准备用来建污水处理设备，来处理污水。以便挪出生产沟，用来疏通灌溉水。结果动到几户的地，这些户不同意，说这个地是分的，不能动。乡里来了二十多个脱产干部，来处理这几个“钉子户”的问题，他们就是不同意，还有一个人把乡里带来的通知撕掉了。叫那个人去乡里解决问题，到底都没去。天数多了，也算了。到了秋天，乡里来了好几趟。后来，市里调整班子，这个事情就放下不再提了。这几个户的地不动，也没有办法。总起来，村里的人没有素质，总起来就是自己管自己，挣到钱就行，至于别人的利益，不会去考虑。就是不往自己家门上倒（污水），出去门，怎么样都行。幸亏这几年来了熬黏膜的，将初加工刮下来的肠黏膜熬制成药——肝素钠。这样味道就好多了。可是水还是往东沟流，要是经常去，肯定不是长久之计。可是这些水依然含有太多盐分，依然臭味难闻。照现在的状况，两三年都坚持不了，这是肯定的。农村的事情，没有办法，你又不能开除他的社籍。现在这个政策好了，你打呀、骂呀，不行。一家一户过日子，谁也拿他们没有办法。因为这种情况，也就把这件事撂下了。

通过深入调查分析我们发现，肠衣加工小区的设想之所以演化成了一场闹剧，有如下原因：第一，肠衣加工小区的设计者和规划者是乡政府和村委会。村支部书记极力推动这一设想的动力在于想从中渔利，而渔利的手段有二，其一是通过低廉的价格和较短的期限将承包地回收到村委会手里，然后再以集体的名义高价长期卖给开发商；其二是在肠衣城建成入驻以后参与肠衣城的日常管理与运作，从而掌控村内肠衣加工业的财源。乡政府支持肠衣小区兴建的原因则在于"开税源"，设想将该村的加工业变成纳税大户。第二，肠衣加工小区从根本上触动了肠衣加工产业的既得利益者。加工户认为肠衣小区的兴建对于肠衣加工户来说百害而无一利，他们当前的生产车间是自家的住房，而若将来迁入肠衣小区，首要的负担就是要购买生产车间，那对他们来说将是一笔巨大的投资。而这些对他们来说本无必要，也无太大意义。此外，凭他们的行业经验，他们预测到入驻肠衣小区后对他们来说是一种束缚与控制，同样需要付出巨大的成本。第三，村支书在规划占地的征收上态度过于强硬、太过急功近利。对于村内承包地的强行征取，必然引起村民的逆反和抗争，尤其是在信息和网络异常发达的当今社会更是如此。第四，村内个别非加工户对于肠衣加工

业的污染存在怨言，对于村干部平时的作风亦有诟病。二者相互加强从而激发了村民的维权热情。第五，抗争过程中村民同时利用了法律与外界的资源，通过依法、以势抗争取得了胜利。由此可见，在肠衣加工园区的设想推行过程中出现了种种问题与重重阻碍，从而最终导致计划流产。最初似乎是为解决污水处理问题而规划的肠衣小区，最终演化成人们之间争权夺利的博弈场域。

3.4.3　以污水的名义

可以肯定的是，建设肠衣加工小区的最初设想是好的，即对肠衣加工户规范化管理，引入污水处理设备对加工户排出的污水进行集中回收处理。只要理顺事件发生的时间脉络我们就可以发现，肠衣加工小区的设想产生在2010年9月份因污水外泄引发的群体事件之后。这次群体事件上访人数之多、声势之大足以引起了市级领导的重视。虽然市里当机立断，迅速息访，但之后的余震（2010年9月与2010年12月的信访投诉案件）也足以让上级部门胆战心惊。问题的关键在于虽然事件风波已经平息（解决了前村的吃水问题），然而问题的根本并没有得到解决。L村的污水渠就如同一颗定时炸弹随时都会被引爆，因为翻阅环保局的历史档案可以见到，这里多年来一直都在火花四溅（上访、信访事件）。在稳定是第一责任的政治大背景下，市乡级政府领导再坚持视而不见、听而不闻的态度是不明智的，也是不审时度势的。也许只有做点儿什么才能把持住稳定的大局，但本已捉襟见肘的市财政又不想付出努力，就只有想出这种既要“发展”又要“稳定”的“好”策略，希望能够双赢。但这个策略最终看来还是“发展”占了上风，只不过是以治理污水的名义。

肠衣小区构想胎死腹中，并没有如规划者设想的那样推动“发展”，却事与愿违地动摇了当地社会的“稳定”。在这场博弈中，地方政府被抛到了“权利与利益之网”的外围，成为“输家”。好在这一计划是以治理污水的名义，所以市乡级政府在这场博弈中并没有颜面尽失，而一切臭名与骂名都归于村支书一人。由于上级压力与当地维稳工作的需要，污水治理方略需要继续推行。2011年8—9月市环保局以L村肠衣加工业排放污水造成周围村落灌溉水与地下水污染为由，勒令该村加工业限期停业整顿，全村加工业陷入困局，而这一处理决定在环保局的档案里我们并没有发现。

L村肝素钠提炼户：现在刮肠子的都不干了，环保局不让干了。这活已经停了七八天了，这两天去交钱。环保局找我，拿1.1万。有干得多的，有干得少的。干得多的少的都拿1.1万。我就说，把钱拿上吧，早做一天，早有点儿利润。公社要17万，县里要处理污水。现在交的钱已经够了，还要你多拿。之前是17万，后来又要20万。钱交上了，公社里什么都不管了，让自己建，建不好，以后还得自己出钱。要是有记者曝光不就好了吗，不就是没有这个能耐人吗！现在这个社会第一个是身份。10个人不如一个大学生，大学生不如记者，当官的也不如记者。他（记者）有地位。公社书记不如记者。现在国家号召搞经济，你怎么卡着呢？他（指村里的加工户）没记者，没录音，谁能证明呢?!他（县里）收钱了，不干事儿。原来说17万，现在涨到20万，又说自己拿钱自己建设。我听说只修这池子10万、20万都修不好，还有机器，说是机器环保给，到现在也没有手续，实际上他拿到钱就行。环保局说，你庄子里有告的，你污染闹不到市里来，谁管啊！就是村里谁干，什么时候干，他们都知道。就是村里有人告的。有说支书告的，支书想拿钱。他老婆听后在大喇叭上骂人。其实，做这个，很多人都受益。周围村里都受益。我们

做生意挣钱，又不偷不抢。以前纳税，从去年开始不怎么纳了。环保局、地税局以前都来收钱，现在不要了。现在都向大厂子要。(引自2011年10月份的访谈)

L村村支书妻子：今年（2011年）夏天市里一个劲儿来人，夏天雨水大，沟渠又满了，两头（前后两村的人）怕污水溢过去。我们村里洼地里的庄稼和树木都被盐水给咸死了。环保局来人，驻村，主要是前后两村因污水问题上告的结果。环保局要求加工户出资建污水处理设备，但是加工户不同意，当环保局工作人员下户收费时，加工户锁门走人，环保局也收不到钱。这个买卖（肠衣加工与肝素钠提炼）不是不挣钱，但是需要有个污水处理池，不处理不是长法儿。可是，对我们村里来说做不到这件事情。上面不批资金（因为是自己做生意，市里不管资金），集体没有收入，加工户不愿意拿这份儿钱，只要自己挣钱就行。我们村不是说没有钱，但没有人管这些。对于加工户来说，上设备的费用太高，设备安装后还要不停地运转，需要长期投入。按照加工户的说法，这些污水没有什么，碍不着，对什么也没有太大影响。(引自2011年12月份的访谈)

L村肠衣加工户：去年（2011年），环保局下来要给我们停产，要求上污水处理设备。我们的污水要处理，大家（加工户）自己组织收钱来处理此事。大家敛钱，支书敛不起来。有几个人带头自己收，结果收的钱比乡里要求的数目还要多。但是支书知道了，想要这个钱，他们不给，支书就到乡里给说坏话，说村里收了30万，而打算上缴20万。(乡里要20万，而组织者共收了30万。)本想把剩余的部分用来购买或租用土地，雇人用来挖蓄水池。交钱的多少按照大小户（加工业规模），我家交了1万元。这个钱大队想要，乡里也想要，环保局也想要，法院也想要。这是一块儿肥肉啊！大家都想要。实际上，大家是自发组织起来收钱的。环保局治理污水你给环保局，法院不干，公社也不干；法院说有人向他们起诉了，所以法院要求把钱给他们；乡里不干，乡里说把钱给乡里，乡政府给我们办这个事儿；村支书也想要，他说他把钱给乡里。村里这几个人一看坏了，这是块儿肥肉，大家都想吃。交出去，事情反倒麻烦了，干脆把钱又分了下去，不收了。到现在他们一分钱也没拿着，呵呵！也就这么着了。（引自2012年8月份的访谈）

对于L村水污染问题一直缺乏行政作为的环保局，在环境问题突发事件出现时并没有做出任何积极的反应，而在肠衣加工园区的计划流产，由园区建设占用耕地引发官民冲突之后走到前台上来。这里凸显了地方政府的运作逻辑，就如同环保局的那位工作人员所感叹的那样，环保局的职责只是负责监管，至于重要的处理决定（对企业进行关停）一般都要市里批。根据《中华人民共和国环境保护法》的有关规定，地县级以上人民政府是环境保护的责任人，对管辖范围内的环保局拥有直接的领导权。地方环保部门尽管名义上隶属于国家环保部，但首先附属于地方政府[①]。由于地方政府官员往往将发展作为第一要务，将经济发展凌驾于监管企业环境污染之上，如果出现利益冲突，环保部门将唯地方政府的马首是瞻，从而最终地方政府的意志往往得到实现。在因环境问题引发的事件中，地方环保部门的承诺往往会与地方政府的利益相冲突，因而处于一种被动治理的态度。[②] 在L村水污染的处理问题上，市环保局的态度恰好印证了这一观点。但有意思的是，在这一案例中，地方政府并不是与经济发展的主体（这里

① 参见《中华人民共和国环境保护法》等相关法律。

② 王惠娜：《区域环境治理中的新政策工具》，《学术研究》2012年第1期。

指肠衣加工户）站在同一个队伍中，而是形成了对立面。换句话说在这里加工户与地方政府并没有形成“政商同盟”的关系。加工业者抓住了村委会强占耕地的把柄，通过网罗自己的资源与上级政府形成对话，从而在与地方政府的博弈中获胜。

既然“发展”的目的难以实现，那么“稳定”的大局却还是正途。这时，环保部门可以发挥它应有的威力了。市环保局联合乡政府于2011年雨季成立驻村工作组，守住沟渠两侧拦水坝以防污水外溢，同时勒令村内加工业者停止生产，要求加工户共缴纳20万元上污水处理设备，加工业者意见不一，乡村两级班子下户做工作未果，工作再次陷入停顿。然而，加工户并不是不懂法律，也了解所排污水造成的危害，自知理亏，所以对于环保局的停产整顿命令并不敢当作耳旁风，至少不敢明目张胆地生产加工。加之“内奸”的投诉与告密，撤出L村的工作组对于L村的肠衣加工动态依然了如指掌。加工业的长时间停顿必然给加工户带来巨大的损失，沉不住气的肠衣加工户自发组织起来，协商解决集资问题，工作进展顺利，集资工作有突破性成果，竟然超额完成“任务”。然而没想到多方利益主体（乡政府、环保局、法院、村委会）同时争要这一“污水设备购置款”，致使自发组织起来的加工户代表不知所措，害怕好事办成坏事，无法向各加工户交代，最终选择把集资款项全部退回，环境治理工作再次陷入停滞。

又是一场闹剧草草收场。在这场闹剧里，各方都以污水的名义展开行动，然而卷入的却是多方自我利益的权衡。在治理污水的烟幕下实际上是一场尔虞我诈、你死我活的利益争夺战，这场战争中没有赢家，因为在争夺之中大家共同输了的是置身其中的环境。

综上所述，我们可以看到，在传统乡村社会向现代社会转变的过程中，村落人的生存方式以及在此基础上形成的乡村伦理与村庄秩序均发生了相应的改变。传统的“庄稼人”逐渐转型为逐利的“经济人”，在经济利益面前，传统的伦理道德显得黯然失色，并一度转化成为“污染者”可资利用的资源和借口。村庄伦理与邻里情感已经发生了某种程度的裂变，裂变成为两种截然相反的面向：在经济利益面前，是没有伦理道德和情感可言的，用L村人的话来说就是“亲戚归亲戚，生意归生意”，“谈起生意，人们相互间没有一句实话”。在生产上，人们之间是竞争对手，相互之间充满怀疑、猜忌与敌意。而在日常生活的关系中，人们却都相处得非常好，村里的红白事儿，全村人齐上阵，不管谁家有事，家家都要随人情、人人都要随份子，关系异常和谐融洽。也就是在生活中，人们依然能够感受到传统乡村社会中邻里互助的情结与情感。因此可以说，现代乡村社会依然还是熟人社会，具有熟人社会的某些特性，乡村伦理并没有完全被抛弃，而是发生了某种程度的型变，只不过在这里“伦理”被“经济”招安，变成为经济的仆从。从环境污染的形成过程中，我们不难发现村庄伦理对于污染问题的负面影响，而在环境治理过程中，我们亦能发现乡村社会关系中的这种“强连带”所形成的合力对于污染治理的种种阻碍。

无论是污染致害者还是受害者，也无论是环境维权者还是环境治理者，其实心中都有一杆秤，不同的秤有不同的砝码，因为各自的利益点不同（也会因时、因地而不同），衡量问题的标准也就不一样，其行动策略也就会因这些微妙的差异而变得千差万别。这里我将其称为各自的心理底线，上文中E1和E2事件中各方主体不同的态度与行动策略，恰恰展现了各自心理底线之间的角逐与抗衡。加工户有自己的收益底线，污染受害方有自己的环境容忍底线，政府职能部门有自己的行政观和政绩观。不同时期标准不同，发展与稳定哪一个更重要皆因形势而定。不同时期具有不同的内容，更要依据致害方和受害方

的博弈情况而定。只要形势在可控制的范围内，凡事都好处理，都不算什么大事儿。因此，这里的底线是情景中的、变动不居的，其规则也无定数，在这里我称其为“底线伦理”。

3.5　小结与讨论：空间、秩序与村民理性

在乡村社会这一空间场域中，围绕着环境污染事件的发生，通过分析多元利益主体的行动策略，我们发现环境的公共物品性质是导致环境污染问题形成与环境治理方略面临困境的一个关键性因素。而随着人们生存方式的转变，人们对于资源的开发利用程度随之加强，对于公共资源的争夺也变得日趋激烈。公共空间、乡村秩序与村民理性三者共同作用于环境污染的形成，并进一步影响到环境治理的过程与方略。

3.5.1　公共空间与村民理性

空间有公私之分，私人空间意味着所属权归于个人，具有竞争性、排他性和可分性，容易加以管理和保护。而公共空间则具有公共性，由于产权界限的模糊，使得人们可以无偿地消费或使用它，却不愿意支付保护它的成本，由此增加了管理上的难度。公共空间是环境的承载物，环境作为一种公共性的物品面临同样的处境。

“公共物品”这一概念是由美国经济学家萨缪尔森（Samuelson P. A.）首先提出来的，根据他的定义，“公共物品是指每个人消费这种物品不会导致别人对该物品消费的减少”[①]，即公共物品具有消费的

① ［美］萨缪尔森·诺德豪斯：《经济学》，萧琛主译，人民邮电出版社2008年版，第103页。

非排他性与非竞争性的特点。从该定义我们可以看出萨缪尔森在这里所指的公共物品是“纯公共物品”，而现实生活中这样的例子并不多见，仅限于国防、治安等少量事物。此后，一些学者根据物品消费的非排他性和非竞争性特征的表现程度的不同，将公共物品划分为纯公共物品和混合物品两大类，其中混合物品又包括俱乐部物品和公共资源两种[①]。环境、空气、水资源等均属公共资源。根据其划分标准，公共资源是指存在消费的非排他性，但同时又存在消费的竞争性的资源。学术界关于公共资源的利用问题有许多经典的阐释，其代表性的观点有三种：公地悲剧、囚徒困境、集体行动的逻辑。三种理论模型都说明一个共同的问题：在公共资源的消费中，个人的理性行动最终导致的是集体的非理性结果，即不能实现“帕累托最优”。埃莉诺·奥斯特罗姆（Elinor Ostrom）在深入地分析了三种理论模型后指出，“这些模式中的每一个，其中心问题都是搭便车问题。任何时候，一个人只要不被排斥在分享由他人努力所带来的利益之外，就没有动力为共同的利益做贡献，而只会选择做一个搭便车者。如果所有的参与人都选择搭便车，就不会产生集体利益。另一种情况是，有些人可能提供集体物品而另一些人搭便车，这会导致集体利益的供给达不到最优水平。因此，这些模式对解释完全理性的个人在某些情况下是怎样产生从所有相关者的观点来看并不理性的结局，是非常有用的”[②]。而解决公共资源困境，实际上就是一个集体行动的制度安排和治理模式选择问题。学者们给出的解决方案有：“利维坦”——政府强制管理；产权私有化——引入市场机制；社区或专业组织——公共资源的自组织治理和多中心治理模式。然而，每种方案又都有其局限性，例如在

① 唐兵：《公共资源的特性与治理模式分析》，《重庆邮电大学学报》，2009年第1期。

② ［美］埃莉诺·奥斯特罗姆：《公共事物的治理之道》，余逊达、陈旭东译，上海三联书店2000年版，第67—76页。

污染治理问题上，由于信息的不完全、监督能力有限、制裁力度不够及管理成本过高、官僚的自利与腐败行为等问题，致使政府介入公共资源管理过程中出现“政府失灵”，导致“越治理越污染”的悖论。而由于公共资源的公共性使得产权私有化在一些情景下很难实现，从而导致“市场失灵”。而社区或专业组织的自组织治理比政府或市场更容易使人们达成合作，具备一定的相对优势，但依然有严格的条件限制。埃莉诺·奥斯特罗姆就指出，“这些资源必须是可再生的而非不可再生的资源；资源是相当稀缺的，而不是充足的；资源使用者能够相互伤害，但参与者不可能从外部来伤害其他人”。因此，奥斯特罗姆认为在解决公共资源困境的问题上没有“万应灵药”，各种不同的公共资源要视其不同的情况和制度环境分别予以考察和处理。

在本研究所涉及的案例中，实际上触及了几个不同类型的公共资源管理问题，即村内池塘、村东灌溉系统和地下水流域。在这里我将分别予以讨论。

村内池塘。村内池塘属于村集体共有资源，由人工建造而成，供给主体是全村村民。因此，作为公共空间或说公共资源，池塘的消费或者说使用在村庄范围内不具有排他性，但池塘空间容量有限，因此具有消费或使用的竞争性。一个人对于池塘的使用，必然会引起另一个人对该池塘使用的减少（空间容量），全村人都选择向池塘排水，当村人的排水量达到一定的水平，池塘容纳空间饱和，就会造成村人产生的生活与生产废水无处可排。在这里，村民出于个体家庭方便的考虑选择向村内池塘排水——个体理性；但由于全村人不加限制地任意向池塘排水，最终造成池塘满溢，村民的废水无处可排——集体非理性。因此，也就导致了个体的理性选择导致集体非理性的结局——公地悲剧出现。但以上的分析中，我并没有将废水造成的污染考虑在内。事实上，向池塘中排水主要是村内加工户的行为，非加工户所产生的生活废水有限，一般并不向池塘排放，而是选择直接泼洒在地面上，任其下渗和蒸发。那么也就是说，向池塘排放的水以肠衣加工业的生产污水为多，这就意味着在池塘空间饱和之前，池塘中的水已经被严重污染，程度早已超过池水的自净能力，公地悲剧早已形成。由此可见，在公地悲剧形成之前并没有引入公共资源的治理机制，而是选择了事后治理的路子：公地悲剧形成之后，受害方（直接受害人）维权，从而引入政府强制管理，赔偿受害方的直接损失（因后墙开裂造成的经济损失 8000 元），并将池塘填平，从此池塘消失。村民不会再因池塘而受益，亦不会再因池塘而利益受损。这里似乎达到了“零和”。然而池塘消失了，且村民（加工户）的废水依然无处可排，因此，要想继续排水，则需另作选择——村东灌溉渠。

村东灌溉渠。该渠是全市引黄灌溉渠的一部分，属于全市人民共有资源，同样是人工建造而成，供给主体是全市人民。灌溉系统属于公共资源，其使用不具有排他性，但因供水量的限制，依然具有竞争性。村中池塘被填平以后，加工户选择将生产污水排入灌溉用渠，加工户不经处理将污水排入公共空间，对于加工户来说是具有个体经济理性的，相对加工户的排污量来说，如果灌溉渠内的水足够多，足可以稀释污水至达到环境容量限度以内，那么算是一种最优选择，但一旦超过环境容量的限度，就会造成周围环境的污染，导致公地悲剧。为防止大面积公地悲剧的发生，在这里出现了社群的自组织治理模式，然而这里的自组织者不包括 L 村人（或者说加工户），而是前后两村的村民群体（灌溉系统的参与者），通过村民自组织联合政府（乡级政府）力量建起拦污水坝，从而部分地控制了加工户的搭便车行为。L 村村东灌溉渠被拦水坝截断以后成为死渠，之后的博弈情形与村内池塘类似。所不同的是这里出现了两个未预后果：其一，下游灌溉系统遭受损失，因为上游灌溉用水无法到达下游；其二，死渠内

积累过量污水会导致污水下渗和污水外溢，同样会影响上下游的灌溉用水。这里再次出现村民自组织与政府力量混合的治理策略：污染事件出现导致社群组织（前村或后村村民）上访进行环境维权，给政府施压解决公共资源（死渠的污染）治理问题，政府介入管理，要求加工户（对局人）共同出资处理污水（建立合约）。这里如果任何一个加工户提出平等分享污水处理设施但非平等分担执行费用的建议，都会遭到另外一个加工户的反对。结果唯一可行的是（达到博弈均衡），在每个加工户所支付的（合约）执行费用低于其利润空间的条件下，根据其加工规模的大小按比例分担治理成本。他们并不完全依赖于政府官员对协议的管理，而是自组织决定合约的内容（集资款的多少问题），假如某执行者要求对他的服务支付过高的费用（政府部门人员寻求私利），加工户（对局人）都不会同意这样的一个合约，治理面临失败（加工户拒绝建立合约，将已经集起来的款项返还个人）。

地下水流域。在这个案例中，地下水流域的污染存在更多的主体，农业的面源污染、加工业的点源污染皆是污染源。如何对其加以治理与控制是一个更加难以操作的问题。文中案例对于地下水流域的污染控制与其他方面的控制纠缠在一起，情况更为复杂，所以在此不单独讨论。

无论是村内池塘、村东灌溉渠还是地下水流域都属于公共空间中的公共资源。在传统社会时期，人们也在使用这些公共资源，但其利用程度因技术水平和人们的认知局限而处于较低水平，环境的破坏程度很小，人们在生产和生活中所产生的废物对于环境的污染程度很低，处于环境的可自净值阈之内。但这并不等于说传统社会中的人们具有更好的环境保护意识，而只能说是在当时的社会经济条件下，人们所形成的生存方式对于环境的维持与保护具有一定的正向作用。事实上，传统生存方式也有糟粕之处，其环境不友好的一面在现代社会中能够更明显地体现出来，譬如随地乱扔废弃物、乱泼乱倒脏水。在传统社会中由于废弃物成分并不复杂，并且一般可以在自然界中被降解掉，因此没有形成严重的环境问题。而现代社会中，科技水平的提高使得人们生产的物质产品空前丰富，成分也异常复杂，这些物质元素已经无法直接被自然界降解，人们再想沿用以前的废物处理方式已不可行。而以大量生产—大量消费—大量废弃为特点的现代生存方式更是加剧了这种不可行性。技术水平的提高使得人类驾驭自然的能力增强，人们对于资源的利用呈指数级增长，而环境作为公共资源的无偿性或者廉价性又成为人人可以窥觑的利益所在，市场经济条件下人的逐利动机被很好地调动起来，这就是为什么环境资源被迅速瓜分与污染的原因所在。

由上面的分析我们可以看出，环境问题的负外部性存在一个依次外推的效应，即人们总是想方设法将成本外部化、再外部化。环境公共资源的管理与治理因为涉及诸多方的利益博弈，会使问题变得异常复杂和不可控制，很难达到博弈均衡或者帕累托最优①。但是，在我看来治理的目的并不在于达到最优，在一定程度上限制个体的搭便车现象，进而控制或延缓公地悲剧的发生，这即便是下策，也还是当务之急。总之，对于环境污染问题，大家应该竭力做点什么。

3.5.2 乡村伦理与村庄秩序

在历史的发展脉络里，我们可以看到中国乡村村落的伦理与社会秩序会随着政治经济形式的变迁而发生相应的改变。一般情况下，

---

① 帕累托最优：帕累托准则是早期福利经济学判断社会福利改善与否的重要标准。其核心思想是如果某种经济变化的结果可以在不使其他人境况变得更坏的情况下，使一些人或至少一个人的情况变得更好时，社会福利就会得到改善。帕累托最优是以不损害任何既得利益者为基本前提的。

"村庄秩序的生成具有二元性，一是行政嵌入，二是村庄内生"。[①] 我国传统社会是依靠"礼治秩序"[②] 来维持的社会，受外界力量的干预较少。传统时期村庄社会秩序的形成动力主要来源于村庄内部的习惯、传统与现实需求，这种秩序带有强烈的伦理色彩。[③] 集体化时期，随着国家行政权力的逐步下移和对于农村基层社会的入侵，村落社会的原有秩序基础受到挑战，以往以血缘关系和乡邻关系来加以组织和维持的社会逐渐转变为以地缘关系为主的靠国家权力强制捆绑在一起的村民群体，有学者借以"麻袋里的马铃薯"来形容当时的人际关系形态。[④] 集体化时期村民之间缺乏直接的利益联系，彼此之间的互助合作难以达成，村民成为原子化的个体，但当时由于国家行政力量的加强与直接控制，村民群体基本能够服从组织的统一安排，社会秩序的维持没有受到太大影响。家庭联产承包责任制以后，农村开始分田到户，一家一户开始小面积经营耕地，行政力量对于乡村社会的干预也开始逐渐减弱，人们之间的社会联系与交往出现了向传统阶段的暂时性回归，建立在血缘与邻里关系基础之上的互助合作关系再次出现。

20 世纪 90 年代以后，随着市场经济的快速发展，我国的社会结构面临重大调整，中国社会处于社会转型的关键时期。市场经济的发展同样冲击着乡村社会，以往较为均质的农村社会也开始日益分化，人们的价值观发生了巨大的变化，这必然会引起乡村社会秩序的调整

---

① 贺雪峰：《中国传统社会的内生村庄秩序》，《文史哲》2006 年第 4 期。

② 费孝通：《乡土中国　生育制度》，北京大学出版社 2005 年版，第 48—53 页。

③ 邱梦华：《社会变迁中的农民合作与村庄秩序——以浙东南两个村为例》，博士学位论文，上海大学，2007 年，第 50 页。

④ 在《马克思恩格斯选集》（第一卷）中，马克思曾形容法国的传统小农，"是由一些同名数相加形成的，好像一袋马铃薯是由袋中的一个个马铃薯所集成的那样"。转引自邱梦华《社会变迁中的农民合作与村庄秩序——以浙东南两个村为例》，博士学位论文，上海大学，2007 年，第 86 页。

与改变。现代化农用机械的应用，使得以往村民之间在农业生产中形成的互助合作关系链条开始断裂，同时农业剩余劳动力向非农产业的转移也使得人们日常生活中的互助合作面临窘境。村民之间的关联越来越多地被纳入到以货币为媒介型构而成的市场关系框架当中，并日益缺乏情感与伦理色彩。2006 年全面免征农业税以后，国家行政力量进一步从基层村落社会退出，行政干预也已不再是生成乡村社会秩序的主要力量。然而，村庄原有的关联已经被打破或者说消解，村民之间的关联开始变得松散而无序。土地因其收益的限度再也不能成为将村民牢牢约束在村落社会中的力量，“村落精英”也渐次远离这一社会场域而谋求自我的发展，或是出现“人在场而心不在”的局面。“空心村”“老人村”的大量出现使得一些乡村村落作为一个个社会单元开始走向衰落。转型期的乡村社会再也不同于以前的同质性社会，而是被现有的经济体制和资源分配机制分化裂变出诸多形态与变种，呈现出异彩纷呈的局面。在这种状态中，“行政嵌入”与“村落内生”对于村落社会秩序的维持似乎都显乏力。

本案例所涉及的三个村庄就可以归为两种不同类型的村落发展形态。前后两村虽然表面上依然是以农业为主的发展模式，然而通过调查我们发现，其农业收入对于大部分家庭来说已经不再占有主导的地位。在这两个村子里，实际上只留守着老人和孩子，其中青年一代多已经外出打工或者做生意，因此这两个村子已经成为当前比较典型的“老人村”。作为村庄的主导力量，他们分散到全国各地，已经很少能够有日常的交流与联系，在村庄这一特定场域内形成的伦理与情感逐渐对他们失去了吸引力和约束力。这一方面表现在邻里间互助形式的减少，譬如村里的红白事、修屋盖房等事务都要花钱雇人去做，而以前谁家有事大伙都来帮忙，根本不会考虑花钱雇人这样的事情；另一方面则表现为青年一代对于乡土所怀有的情感的逐渐减弱，人们已经

不再将生存与发展的重心放在自己的一亩三分地上，而是想方设法脱离开这片土地。生存方式的转变使得人们的价值观念和社会关系形态必然随之发生相应的改变。这表现在环境问题上，就是人们开始对于村落周围的环境漠不关心，环境污染问题没有发展到足以威胁到他们最基本生存的情况下，就不会采取积极行动，即便是采取了集体行动也会被轻易地分化与瓦解。E1 事件中，前村人之所以形成了较为一致的集体行动，是因为饮用水被严重污染，直接威胁到了他们的生存底线。一旦解决了饮用水的问题，集体行动也就宣告结束，人们并没有进一步的行动，以维护自身较为长远的环境权益。而在 E2 事件中，后村人的集体行动并没有取得一定的成效，除了一些其他的客观因素外，其主观原因还是因为此次污染事件还没有碰触到大多数人的心理底线，导致更多的人想要在此次集体行动中搭便车，最终的结果却是无便车可搭。

而 L 村在这里却属于另外一种类型，与前后两村不同，该村发展出了自己的产业，虽然村民的主体收入同样不再来自于农业或者说种植业，但作为村民主体的中青年群体并没有离开村落，而成了村中非农产业的发展主力。在本村范围内，人们之间依然是熟人，依然有着频繁的交往与互动，依然是“低头不见抬头见”的一群。然而，与传统时期相比，其形式与内容却有很大的不同。以前人们茶余饭后闲聊的是农业、种植业，是些家长里短的生活闲话，而如今人们谈的是生意，是市场的行情，是原料的来源和产品的去向。人们的关系变得更趋复杂，不仅有亲缘关系和地缘关系，更有业缘关系。作为熟人，人们之间是可靠的，但作为生意对手，人们又都不可信。人们在日常生活中扮演着多重的角色，角色间的冲突将人们裂变为多个面向。“朋友归朋友，生意归生意”在这里有了更多的内容，发展成为“亲戚归亲戚，生意归生意”，“邻里归邻里，生意归生意”等多种类型。这种形式的裂变使得人们在面临各种情况下的利益纠葛时，心态更趋复杂和多变。这种复杂性与多变性折射到L村的环境污染问题上，就表现为容忍与抱怨同在，威胁与利用共存。加工户恰恰利用了熟人社会中这种依然存在的伦理来争得了大多数村民对环境污染的容忍与同意，同时也压抑了那些抱怨的声音。而对于外村村民对于环境污染的反对，加工户则利用了生存伦理的策略来加以回应，以期使得自己的污染行为合理化，“我们总得过日子”“水淹了人家的房子可怎么办，还不让人活了”……

综上所述，环境污染的形成与治理受到多种因素的共同影响。环境的公共物品性质，生存方式的转型以及由其转型导致的社会关系形态的转变，无不对于环境产生深刻的影响。那么在这样的复杂状态下，如何应对环境污染问题，对于已经产生的环境污染又应该采取怎样的治理方略，成为本研究的题中应有之义。在下一章中我们将集中讨论这一问题。

第4章　乡村环境治理的理想图景

L村的环境污染问题可以分为两个方面：种植业及生活排污引起的面源污染问题和该村加工业排污引起的点源污染问题。面源污染和点源污染是两种性质不同的环境污染问题，因此采取的策略也应该有所不同。本章主要讨论在该村的面源污染和点源污染问题上，村民已经采取的治理方略或者说在生产和生活实践中处理这些问题的智慧及其存在的缺陷与问题，并提出笔者对于两种不同类型污染的治理展望。本章最后结合学界已有的观点从经济学视角和社会学视角再次审视L村的污染治理问题，以期描绘出乡村环境治理的理想图景。

4.1　乡村面源污染的治理

4.1.1　本土经验及其存在的问题

从第2章的叙述中，我们可以看出该村的面源污染主要由枣林种植和粮食作物使用的农药、化肥、地膜造成的残留以及日常生活所产生的废水及固体废弃物在降水和径流冲刷作用下，通过农田地表径流、农田排水和地下渗漏，对土壤和水体造成的污染引起。对于面源污染的危害，村民的认知一直比较模糊。即便如此，由于村民长期身处其中，对于这些污染带来的危害必然有一定程度的感知，并由此发展出了一定的因应策略。

4.1.1.1 化肥与粪肥兼施

在经年累月的农业生产过程中，人们似乎弄明白了一个道理：化肥虽然可以提高土壤肥力，促进农作物的生长发育，从而增加农作物的产量；但如果在单位面积上一次性投入过多，也会带来不可挽回的损失，那就是农作物会被化肥“烧死”。因此，如何把握一个合适的度，成为村民关注的一个核心问题。然而由于不同的土壤或者相同土壤状况的不同地块，其养分含量往往也会存在较大的差异。而且不同作物和同一作物的不同品种，由于各有其不同的特点，它们在生长发育过程中所需要的养分种类、数量和比例也都会不一样[①]。市面上出售的化肥，其包装说明上的施用量往往没有一定的针对性，所以村民即使严格按照包装说明上的用量来施用化肥，依然不能做到科学合理。村民在遭受了化肥过量施用带来的直接损失之后，也开始反思化肥的利弊，并有意识地适当减少化肥的投入，但这样又面临肥力不够的担心与困扰。村民的解决之道便是利用本地的传统经验，适当增加农家粪肥的施用，以弥补化肥施用量不足而带来的损失。农家粪肥是一种有机肥料，其营养成分比较全面，并含有丰富的有机物质，对改善土壤的物理性状，提高土壤的养分含量具有重要作用。村民依然记得一句老话：“庄稼一枝花，全靠粪当家。”农肥是庄稼的宝贝，即使在广施化肥的今天，村民依然并不否认这一点。

然而目前，对 L 村的家庭户来说，粪肥的来源似乎已经成为问

---

① 黄国勤、王兴祥等：《施用化肥对农业生态环境的负面影响及对策》，《生态环境》2004 年第 4 期。

题，除了人粪尿之外，L 村家庭户已经很少产生农家粪肥，原因是目前村中饲养牛、羊、猪等家畜的家庭已经成为全村家庭户的极少数，大部分家庭放弃了家畜、家禽的家庭喂养方式，不仅在该村是这样，在前后两村乃至全国范围内同样存在这样的现象。零散的家禽饲养方式曾经是农民生产生活中的一大特点，如今已经逐渐减少。其原因总结起来可能有两个方面：第一，传统时期饲养家畜有两个很重要的原因是提供劳动力和肥料来源，而如今农业机械和化肥的使用可以轻易地取而代之；第二，零散的畜禽饲养方式对于农民来说也不具有经济上的吸引力，饲养畜禽费时费力，且不能给家庭带来可观的经济收入，而村民发现将等量的劳动力投入到其他产业的生产可能会带来较高的经济回报。这样，依靠牛、羊、猪等动物的食物残渣和粪便为主要原料的农家土粪的生产就失去了原有的基础。而对于脱离了粮食种植的家庭来说，鼓励其恢复零散的家畜饲养则更是缺乏现实性的基础，因为家畜饲养所需饲料需要全部从市场上购买，除非某个家庭有大批量生产这些畜种的打算，零散的饲养对于现在的农户来说缺乏现实性和可行性。

然而，在 L 村里，有一种现象却值得关注和思考，那就是 L 村有两户家庭专门从事绵羊育肥的工作，这种批量圈养家畜的方式必然会产生大量的饲料残余和动物粪便，将这些垃圾用于农业生产，既可以培肥土壤，又可以减少化肥的施用量，继而从两方面来减少污染的形成。事实上，村民也注意到了这一点，近两年该村的养殖业产生的垃圾被全部以粪肥的形式用于农业生产，这两个家庭户将其养殖业所产生的大量粪便售卖给周围从事农业生产的村民，一车粪肥售价约人民币 100 元。以农村重要污染源之一而广遭诟病的养殖业垃圾在这里得以有效处理并转变为有价值的资源。这种操作方式给予我们的一个重要启示是：在广大农村地区，科学而又合理的做法是考虑如何将种植业与养殖业有效结合起来，既可以实现种植业与养殖业的互惠共赢，又可以有效地降低污染的产生。然而，情况并不像我们初看起来那么乐观。事实上由于粪肥具有体积量大，运输和施用与化肥相比要麻烦得多，需要付出更多的时间、运力和劳动力等，使得种植业和养殖业的结合面临困难。尤其是当种植业与养殖场距离比较远时，这种矛盾就更加突出。这也是当前广大农村地区养殖业垃圾成为一个重要污染源的原因所在。同时，由于人们的环境意识比较薄弱，即使有较近的粪肥源，有些村民依然觉得费事，不会选择使用。L村两个养殖户所产生的粪肥中一大部分被外村人买走，而被本村人施用的只占较小的比例就部分地说明了这一问题。事实上，两家养殖户所产生的粪肥本不足以满足该村耕地和果林施肥的需要。

4.1.1.2 喷药与捉虫并用

果林及小麦、玉米和棉花作物的病虫害之严重程度，使得村民不得不采用喷施农药的方法加以防治。然而，村民发现，如果能够掌握病虫害发作的规律，且有足够的劳动力，人工捉虫不失为一个好的办法。这种方法能够有效地消灭害虫，并控制灾害的蔓延，且对于环境无任何副作用。然而这种方法并不适合所有的害虫类型，对于植物的种类也有一定的要求，比如枣树叶小且树冠高大，人工捉虫就不具现实性。同样的道理，小麦、玉米由于病虫害的类型而难于实施人工灭虫的方法。但是对于棉花植株上所爆发的棉铃虫，村民却有着丰富的人工捉虫经验。害虫的爆发有一定的时段性，村民认为，只要掌握住成虫的产卵期，在其产下卵后迅速将其所产卵消灭掉，就会有效抑制住病虫害的爆发。一位有经验的村民向我讲起了防治病虫害的经验：

> 棉铃虫一般要爆发三期，棉铃虫的成虫是一种白色的小蝴蝶，它们通常把卵产在棉花植株的嫩叶上，只要在其产卵期将其

卵找到并消灭掉，就会起到很好的防治效果。卵一旦孵化成幼虫，其移动性就会增强，会散布到不同的叶面或者钻进棉花的花苞以及棉桃里去，找起来难度就会加大，喷洒农药也会因喷洒不到位而使得棉铃虫死里逃生。由于少量的农药对虫子的杀伤力不够，反而使得棉铃虫增强了抗药性，这就使得害虫的防治变得更加困难。

可是，据村民说，棉铃虫的卵并不能轻易就被找到，因为它们是特别小的白色斑点，有时和喷洒农药留下的残迹以及雨点打湿过的痕迹非常相似，不易被发现。因此，找到棉铃虫的卵和幼虫都需要非常好的眼力和耐力，老年人一般因视力弱而不能很好地胜任这项工作，而年轻人又往往缺乏这样的耐心和精力，从而使得棉铃虫的人工防治一直没有成为病虫害防治的主流手段。

杨树种植近些年来在当地发展得越来越多，成为很多弃耕外出打工村民的首选。因其不用怎么管理，所以也越来越受到L村村民的青睐。一些家庭在感觉到枣树种植费力且不挣钱后，开始改枣树种植为杨树种植。然而，杨树的病虫害“美国白蛾”也一度让人们很是烦恼，在“白蛾”严重的时期，杨树叶几乎被害虫吃光，并且这种害虫也威胁到了其他作物的生长。除了国家采取统一举措，用飞机大面积喷洒农药外，当地村民找到了一种控制白蛾的较为有效办法，那就是人工捉虫。与棉铃虫的特点相似，其虫卵也是产在杨树的叶面上，生病的叶子会出现卷曲，很容易识别，村民只要集中把这些叶子剪下来，丢在地上用脚将虫或虫卵踩死，就会一次性消灭掉大量的害虫。而这种办法也成为当地村民防治“白蛾”的有效手段。政府派飞机喷药防治与当地村民人工捉虫的有效结合，使得“白蛾”在当地得到了较好的控制。

此外，村民和我谈起早些年间枣树其实有一个忠实的朋友，那就是“布谷鸟”。布谷鸟以枣树上的害虫为食，当时对于枣树病虫害的防治起到了很大的作用。然而，由于后来人们为了更好地防治病虫害，增加果树的产量，开始大量喷洒农药，布谷鸟好听的叫声在当地渐渐地消失了。

综上所述，在现代科学技术已经日益统领农业生产领域的同时，村民利用本土知识和当地人的智慧在农业生产实践中的应用使我们深受启发，并为我们提供了一个可以促使生态环境得到有效保护的思考路径。

4.1.2 治理图景

利用本土知识与村民智慧给予我们的启迪，笔者认为农村面源污染的治理应该沿着以下路径来思考。

4.1.2.1 积极倡导农民施用有机肥料，将养殖业垃圾变废为宝

在上文中我们谈到农家粪肥及养殖业垃圾由于体积巨大，搬运困难，因此限制了这些有机肥料在当前农业中的应用。要使得农民重新大量施用粪肥，政府不但要加大宣传教育的力度，使得广大农民真正认识到长期大量施用化肥对于耕地及作物的危害，同时强调有机肥料对于作物的诸多好处，而且更应从产业结构的规划上加以引导，发展农业和养殖业相结合的合理产业布局，以使得农业为养殖业提供饲料来源和养殖业为农业提供肥料来源的双向互动过程变得简单易行，从而节约运费和交易成本，使二者之间的互惠共赢更具可行性和现实基础。这样，农业面源污染就会在三个方面得到有效控制：第一，降低了化肥的施用量，减少了因化肥残留被淋溶而造成的水体污染；第二，降低了养殖业垃圾长期大量堆放而带来的水体污染和空气污染；

第三，减少了因长距离运输（饲料运输和粪肥运输）而带来的石化燃料的浪费和由此带来的空气污染。

4.1.2.2　研发并推广害虫的人工防治和生物防治技术

我们知道，在当前情况下，要求农民放弃农药的使用是不现实的，也是不切实际的。集生产者与生活者双重角色于一身的农民之所以执着于采用农药来防治病虫害并非对于农药的危害一无所知，实际上他们比城市人更会成为农药施用的受害者，农药不仅污染着他们餐桌上的饭菜，也污染着他们呼吸的空气，甚或饮用的地下水。他们之所以做出这样看似非理性的选择，是有其不得已的苦衷的，那就是他们需要依靠耕地上所产的粮食和经济作物来维持他们最基本的生存需求，放弃农药的使用，对他们来说可能意味着庄稼的颗粒无收，那么其生存又由谁来为之保证？但这并不等于说病虫害的防治在当前情况下只能采取喷洒农药的方式。事实上，人工防治和生物防治病虫害的方式绝非当地仅有，而是人们都普遍知晓的一个道理。只不过不同地区的农民因地域的差异、作物类别的不同，可能会遇到不同的问题，从而采取不同的方式，但其实质却是一样的。

也就是说，人工防治和生物防治技术对于病虫害的有效治理确有作用，且对于生态环境保护也存在诸多好处。但就村民自身的力量来看是没有办法将其发展成为病虫害防治的主流方式方法的，原因有二：其一是农民自身的知识水平有限，很难依靠自身力量发展出科学有效的生物防治技术；其二是农民的财力有限，不足以购买较昂贵的技术以支撑农业绿色种植。

因此，发展并推广人工防治或者生物防治技术的重任就应该落在政府的肩上。首先，政府农业部门应该组织技术人员深入田间地头，了解农民生产过程中遇到的实际困难，并就此开展深入研究，为广大农民提供解决问题的有效途径和方法策略。其次，政府农业部门应做好病虫害的防控监测，及时预报病虫害灾情，指导农民学会科学合理的治虫方式方法，这在一定程度上也可以达到既减少农药的用量，又能有效防治病虫害的目的。再次，政府应该加大对农业科技研发的扶持力度，鼓励研究人员利用生物多样性的原理来研发各种优质抗虫作物品种，降低病虫害的发生，同时采取以虫治虫的策略，利用生态系统相生相克的原理来培育病虫害的天敌，以更好地维持生态平衡。

4.1.2.3 最大限度降低固体废弃物的产生

村民有将有用垃圾分类出来的良好习惯。该村村民依然保留有将有价值的废弃物分类堆放的传统，因此生产、生活垃圾产量的增多并不是由村民不再对其进行分类而一并扔掉引起的，而是现代科技产生了越来越多的难以为环境降解的物质，且这些物质又不具有回收利用的价值，或者即便是有回收价值也无人去收购而造成的。可以当废品卖掉变现的垃圾，村民当然乐于收集。但对于无人收购的垃圾，村民只好随意丢弃，这并不能完全归于村民的环境意识低下，对于环境中无法降解、现实中无人问津的垃圾，他们又能如何呢？在城市生活的人们可以有垃圾箱来倾倒垃圾，并有人定期负责处理，这些都是由市政出资来做的公益事业，虽然个人可能也要为此付出一部分费用，但整体来讲依然是公益的程度大些，而农民是享受不到这样的待遇的。

再拿农膜来说，由于现有的农膜无法在土壤中降解，且同样又因太薄易碎而难以回收，因此，指导农民覆膜、揭膜技术，以提高地膜的回收率，降低地膜的土壤残留量是减少污染的题中应有之义。同时，政府还应鼓励并支持可降解地膜的研发生产，且研发成本也应由政府买单，而不应让农民来承担这部分费用，因为农民根本就无力承担。

综上所述，农村面源污染的防治工作要想取得成效必须从源头抓起，而不适宜采取事后治理的策略。同时，考虑到农民的实际情况和

现有状况，农村面源污染的防治行动应该由政府来主导，鼓励并倡导村民的参与要建立在现实的基础之上，充分考虑农民的实际，让农民做能力所及的事情才是明智的选择。而点源污染与面源污染相比，其产生的机制不同，所以可以采取不同的策略来加以因应。

4.2　乡村点源污染的治理

4.2.1　本土尝试及其存在的问题

L村的点源污染在当地具有一定的典型性。因其存在的历史较久，经历了一个由无到有、由小到大、由弱到强的发展历程。虽然污染造成的直接健康损害并不显著，但对于当地空气和河流的污染却是显而易见的。本村村民更是深刻感受到这两方面的影响。兼具生产者和生活者角色的同时，本村村民又扮演着致害者和受害者的双重角色。这种双重身份表明他们并不能完全将污染置之度外。在漫长的发展历程中，他们也曾有过将污染进行处理的尝试，只不过他们所能想到的只能是一些简单粗糙的做法，其作用也是微乎其微。现代科技虽然可以处理此加工业所带来的污染，但因污染处理的成本过高，从而使得加工户望而却步。

4.2.1.1　食用与土埋

据L村村民回忆说，在20世纪90年代以前的一段时间，特别是集体化时期，由于肠衣加工业规模小，产生的废水废渣量小，易于处理，人们通常会采取挖坑填埋的办法来处理这些废物，这样的做法对于土地和地下水依然会造成污染，但对于当地空气的污染就会相对减轻。同时，村民还提到，在那时，从动物小肠中刮下来的肠黏膜并不直接被当作废物抛入环境，村民会认真将其清洗干净，然后煮熟吃掉。而这种行为是由当时极低的生活水平决定的，那个时代的农民很少能够吃到肉食，动物小肠的内黏膜也就理所当然地成了村民口中的美食，舍不得丢弃。然而，随着人们生活水平的提高，人们早已不屑于将其作为一种食物，从而使得肠黏膜一度变成废物被抛入环境，由此造成了更大的环境污染（腐烂变质的肠黏膜发出的恶臭常常让人感觉窒息）。这种情况直至 2000 年左右，该村开始发展肝素钠提炼工业，肠黏膜成为肝素钠提炼的原材料得以变废为宝，从而结束了肠黏膜被乱扔乱倒的现象，其空气污染相对减轻。然而，该加工工艺同样也产生了大量的含盐含碱废水。也就是说，该产业在相对减轻了本村空气污染的同时，却又加大了污水的排放，造成更为严重的水体污染。并且，由于生产规模的扩大，废物废水产生量的增多使得填埋已经不具可行性，四溢横流的污水污物使得村落环境进一步恶化。

4.2.1.2 集中排污

废水量的增多，使得人们动脑筋想办法来处理这些污水。然而，对于受教育程度较低的村民来说，是不会想到将这些污水做无害化处理的，这些想法本身也超出了他们能力所及的范围。他们想出来的最好办法就是开挖由自家院落通往村中池塘的下水道。这一措施在相当长一段时间内解决了加工户的污水排放问题。不难看出，这只是一个权宜之计，虽然暂时能够解决污水的排放问题，但无法解决环境污染问题，并终因池塘污水长期存放，严重超出了其环境的承载力，从而爆发矛盾，由政府出面处理将池塘填埋掉。

然而，池塘的悲剧并没有引起加工户的反思，他们又将排水沟引向村东的沟渠，造成污染面的进一步扩大，由此引发的矛盾也逐渐升级。可见，村民的这种集中排污行为算不上污水治理的方略，充其量

只能算作污水处理的策略。然而已被两端堵塞的村东沟渠的污水容纳能力依然有限，并曾经几度达到甚至突破峰值，从而引发前后两村村民的集体行动。加工户们对此境况也是有考虑的，一位加工户代表曾经向我这样讲述他们的想法：

> 我们做肠衣就得排这些水，除非不干。但是如果不干这个我们去干什么？这些年来我们就干这个了，让我们干其他的行当我们也做不来。为什么呢？一没技术，二没经验。村里池塘满了，被填平了，我们就往东沟排，东沟也有满的时候，实在不行了，我们还得想办法，要不没法生产。所以我们几个加工户有时在一起也会合计（讨论）这个问题。商量的结果是将来（东沟）不行了我们就攒钱买一块儿地，挖个池塘专门用来排水。挖个大点的池塘，连蒸发再下渗，少说也能用个几年，不会有问题。这个池塘不行了，我们就再买一块儿地，再挖个池塘。总之，我们不能放弃这个行当，我们靠着它吃饭呢。环保局让我们上污水处理设备，这个我们上不起，听说要花很多钱，我们是小本生意，没有这么多钱可以投入处理污水。况且，我们在电视上也经常看到一些大企业都不能按照国家的要求处理污水，何况我们这些小老百姓，你政府总得让老百姓生活，总得让我们过日子吧。
>
> 其实，我们也并不是不配合政府的工作。去年（2011 年）政府说要集资，处理污水，要我们交钱买设备，后来我们大伙攒起钱来了，听说政府的各个部门都争着要，你看看这是真心要处理污水吗，买设备的钱你们抢什么，现在政府就是这么没正事儿，让谁还信得着！干脆我们大伙把钱又分下来了，不交了，他们也傻眼了。听说今年他们（环保局）自己买了设备，安装在我们村东地里，具体能不能处理污水我们不清楚，反正一直没看到什么

动静，估计也是在搞形式，走走过场而已。反正我们没掏一分钱，他们爱怎么折腾就怎么折腾吧！

……如今老百姓不怕当官的吓唬，有句老话，那就是“光脚的不怕穿鞋的”。

从这位加工户的一番话里，我们得出了一个结论，那就是村民并不是没有治理污水的意愿，相反他们一直在谋求污水的处理方案，因为污水也在时刻不停地困扰着他们，并在一定程度上阻碍了加工业的发展。然而，村民是作为生活者的生产者而存在的，其生产与生活有着不可分割的关联，为了生存他们宁愿承受自己作为生产者而强加给自己的污染之害。村民之所以不积极参与污水的治理，一是怕承担不起污水处理所产生的巨大费用，二是对政府的工作缺乏信任感，不相信政府能够站在他们的立场上来处理这个问题。这两个因素是造成加工户不能与政府之间形成有效沟通和对话的关键所在，也是该村的污染治理工作始终停步不前的现实根源。

4.2.2 治理图景

通过一段时间的实地调查我们了解到，该村的点源污染具有一般点源污染的共性，可以采取末端治理的措施。同时，也应加强生产各个环节的控制，从各个环节来减少污染的排放。具体来说如下：

4.2.2.1 节约用水与治污费用共担

首先，应控制水资源的使用量，以防止生产过程中水资源的浪费。有条件的情况下，对于部分生产环节的用水处理后可以循环利用，譬如在肠衣加工过程的“分路”这一环节中，产生的废水中除盐分之外，肠黏膜和小肠内容物等杂质已经非常少，可以将这个环节产生的废水进行回收再利用，用于加工之初的“刮肠”环节，从而可以

节约水资源，减少污水的排放量。同时还要注意改进工艺流程，从而减少加工过程中的周转时间，以尽量减少此过程中工业用盐的使用量，从总体上减少盐水的排放。譬如，肠衣加工的各个环节通过合理地配置劳动力资源，实现各个环节的依次连续进行，不要出现生产环节的中断，因为中断意味着需要用大量盐来腌制产品，以防止产品腐烂变质，这样，等到进入下一个环节就会需要洗掉盐分，造成大量含盐废水的产生。也就是说，只要注意到改善生产工艺流程中的这些问题，该村肠衣加工业的废水量就会大大减少，而这种改善也是具有现实性和可行性的。

其次，对于生产所产生的废水进行无害化处理。由政府和加工户共同出资兴建污水处理设施，污水处理设施投入生产后其维护和运行的管理费用由加工户共同承担，其分担份额与生产废水排放量成正比关系，排放量越大，承担份额也就越多。且污水处理设备的运行管理要公开透明，加工户之间、村民之间可以相互监督，由此可以减少监督管理的成本。

从前面的叙述我们得知，L村加工户对于环境污染的治理并不持完全回避和拒绝的态度。事实上，在环保部门下达停产通知后不久，加工户已经自发组织起来筹集政府部门所要求的污染治理经费，并达到甚至超过政府部门所要求的数额。事情最终之所以没有很好地发展下去，并不是因为加工户的拒不配合，而恰恰是政府部门在行政过程中出现了问题。各部门相互争夺集资款项的管理权，以及政府对所征缴的集资款额在集资前后的数值变更等等，这些对于L村加工户的环境治理态度和决心均产生了负面的影响，产生了对于政府部门的不信任感。这种对于政府的信任危机致使组织者将所筹集到的款项又分发归还给个体加工户，从而使得环境治理行动再次陷入困顿。事实上，对于政府部门的不信任不仅仅体现在这一环节，早在加工户自组织之前，村委会、乡政府和环保局曾联合下户征集集资款项，并没有获得加工户的响应，加工户纷纷锁门、关门，拒绝配合。政府部门在对于加工户的管理中表现出行政过程中的无能为力。在这一点上，则体现出了政府环境保护法律法规的不健全和不完善，对于类似经济体的污染行为缺乏有效度和有力度的规制。可以说，地方政府的行政能力和国家环境保护法律法规的不健全和不完善以及经济体的投机行为共同导致了环境污染问题的形成与环境治理的现实困境。因此，要想从根本上解决问题，就需要完善现有的环境保护法律法规，增强政府的执政能力，恢复基层社会对于基层政府的信任。同时还要重视并充分发挥和调动基层社会的自组织能力，真正实现基层社会的“自治”才能达到“善治”的目的，否则即使政府出资修建了污水处理设备，也因缺少了村民的参与而使其工程变成了无源之水、无本之木。

4.2.2.2 缩短产业链条，减少碳排放

在反观L村肠衣加工业产业链条上的诸多问题时，我们不难想到其对于资源的浪费和污染的加剧所应负有的责任，不仅体现在它给L村周边所带来的污染上，也体现在其进行加工之前的原材料长距离运输和产品加工完之后运往销售地的长途运送过程中，其运输过程中对于化石燃料的大量使用不仅浪费了大量的不可再生资源，同时也增加了碳排放，污染了大气。而“地产地消”的方式可以作为理想的选择，即当地生产的产品用于当地的消费。虽然这种“理想型”并不适合于所有的产品，但这种理念却可以给我们诸多启发。对于肠衣加工业来说，我们至少可以考虑实现原材料和加工生产的同一地域化，而不是像L村那样其原材料来源地涉及东北三省、新疆、西藏、青海、内蒙古、陕西、甘肃等诸多省市和地区，在原材料的集中产地进行加工生产可以达到有效节约资源和保护环境的目的。

综上所述，点源污染的治理可以采取过程控制和末端治理的双重

策略，从而更有效地减少污染的产生，这样不仅降低了污染与治理污染的难度，而且也会因其加强了各个环节的控制从而达到了节约资源的目的。以上讨论了当地人对于环境污染的处理方略，在分析其利弊得失的基础上提出了笔者的观点，那么学术界又发展了哪些治理环境污染的策略与观点，这些观点对于 L 村所在地的环境污染情况又有何借鉴作用？在下一节中我将从不同的学科视角分别来予以探讨。

4.3　乡村环境治理的理想图景

环境的公共物品性质决定了环境治理面临集体行动中的“搭便车”困境，因此环境治理的困境问题，就转变为如何预防和制止集体行动中的“搭便车”行为的发生问题。理论与实践证明，任何一种单一的解决措施都会因诸多缺陷而使问题的解决被推迟或者搁置。公共资源的利用与管理因涉及多元主体之间复杂的利益纠葛而使得问题进一步复杂化。因此，综合已有的研究我们得出结论：要想从根本上解决问题，必须视公共资源的不同类型和性质采取多管齐下的策略。

4.3.1　经济学视角之下的环境治理

外部性理论是经济学家对于环境问题的一个分析角度。外部性概念是由马歇尔最早提出的，他认为在正常的经济活动中，对任何稀缺资源的消耗都取决于供给关系的对比，而环境问题正是这种正常经济活动中出现的一种失调现象，由此提出了“外部不经济性”这一重要概念。“马歇尔的学生，福利经济学创始人庇古发现，在商品生产过程中存在着社会成本与私人成本不一致的现象，两者之间的差距就构成了外部性。所谓‘外部’是相对于市场体系而言的，是指在价格体系中未得到体现的那部分经济活动的副产品或副作用。这些副产品或副作用可能是有益的，称为正外部性，也可能是有害的，称为负外部性。”[①] 庇古认为，解决环境问题的办法就是对污染环境的行为进行强行征税，学界称为“庇古税”。在庇古的环境税理念中，环境税的实质是提高环境相关行为的成本，从而降低或消除因环境成本未被适当的主体承担而造成的对经济的负面影响，也就是将内化环境成本。庇古的环境外部性理论构成了环境税的基础，但“庇古税”因没有考虑税收的征纳成本会加重纳税人的负担，从而对经济产生负面影响的问题，环境成本的难以计算问题，以及要求个人承担环境成本可能带来的严重社会和法律问题。[②]“庇古税”虽然苛刻，在现实生活中难以有效实施，但是其基本思想却为环境污染的负外部性问题的矫正提供操作性的思路和理论支撑。在此理论的基础上，经济学界发展出排污收费、开征资源税和污染消减补贴三种较为实用的污染治理策略。

4.3.1.1 排污收费

“排污收费”是按照“污染者付费制”的原则，将环境污染的外部成本内部化，任何经济行为只要会导致污染并将其排放于环境之中就应该缴纳相应的税费，收费的额度根据污染物的种类和数量来加以衡量，同时还需要考虑政府的监督和管理成本。这样，通过将污染造成的治理成本内化给排污主体，从而有效抑制资源利用者的“搭便车”行为。但这里需要指出的是，如果排污收费标准过高，可能超出行为主体的承受范围，从而不利于经济的健康发展，而如果收费标准过低，则达不到限制行为主体采取“搭便车”行为的目的，致使环境

---

① 徐晓雯：《农业环境污染问题的经济学分析——兼论农业绿色补贴效应》，《山东财政学院学报》2007年第4期。

② 雷芸：《环境税正义论》，博士学位论文，西南政法大学，2009年，第66页。

污染得不到有效的控制，还有可能会进一步恶化。

具体到 L 村的污染问题，可以在其点源污染处理过程中运用本观点。一家一户的家庭作坊式生产模式，分布零散，生产过程和排污量均不透明，管理难度也会非常大。环保部门按照国家环境保护法的有关规定也曾前来征收排污费，但终因管理成本过高而放弃征收。

要想改变这一局面，必须对现有的形式加以规制。比如对该村的肠衣加工业进行统一管理。将其集中到一个区域来进行生产，对于产品的流入流出有统一的控制，对于生产排污量（也即生产用水量）有一个统一的管理和衡量标准，以便于排污治理费用的统一征收。同时，加工户联合起来成立一个合作组织或者称为协会，这样既可以有效约束各个加工户的行为，又可以使该村的肠衣加工业形成较强的实力与市场力量相抗衡，抵御市场风险的能力也会有所增强。而本文中 L 村的肠衣小区构想本是一个可以实施的方案，导致方案流产的原因并不在于该方案的不可行，而在于肠衣小区的组织实施方面出现了各种问题。首先，肠衣小区的组织实施者与受益者（即加工户）应为同一群体，而不能是两个并不相关的群体。肠衣小区构想的组织实施必须有加工户的充分参与，至少要得到加工户的认可方可执行。同时，肠衣小区构想的设计与实施应该充分考虑并始终围绕加工户的利益，比如肠衣小区建设投产以后对于加工户的好处有哪些，可以给加工户带来哪些潜在的收益，又会避免哪些不必要的损害等等，所有这些都应该考虑进去并在动员加工户参与的过程中凸显出来，以调动加工户建设肠衣小区的积极性。而污水处理、资源节约则只是肠衣小区建设并投入生产以后带来的副产品，或者是额外收益，而这种收益也是将外部成本内部化的结果，是政府施加给肠衣加工户的责任，而不应是肠衣小区建设的原动力，因此必须分离开加以考虑。也就是说，从经济人的逐利动机我们可以知道，加工业者的行动选择都是以自我利益的追求为目的的，要想让加工业者做出一个选择，必须首先要考虑到加工业者的个人收益，这是促使他们进行行动选择的内在动因。忽视这一点，就不会达到满意的效果。这也是本文中所讲到的肠衣小区构想失败的主要原因所在。

对于L村日常生活产生的废水，因其主要是厨房洗涤污水和日化洗涤用品使用产生的污水，其成分与肠衣加工业产生的污水成分有很多相似之处，比如含有盐、碱和动物油脂等成分。因此，建议可以将此类废水通过下水管道排入生产废水蓄水池，待与生产废水统一处理，这样既减少了因生活废水直接泼洒在地面上，由下渗引起的地下水污染，又不必因单独处理生活废水而安装污水处理设备（这样既不经济，在村落这样的单位中也不具有可行性）。实际上，这种做法已经在村内一些家庭中施行，只不过人们并没有意识到这一行为的意义，也没有形成统一的行为准则。更为关键的是其末端没有实施治理，这样做的成效也没有得以较好地体现。

4.3.1.2 开征资源税

资源税主要是依据资源的开发和利用的数量来决定税收的额度。资源税被视为环境税的一种，因为资源与环境密切相关，资源的滥用或者过度利用会导致资源的短缺甚至枯竭，一些资源的利用甚至直接引发环境的污染问题。对行为主体征收资源税有利于强化环境价值观念，促进行为主体在资源利用的过程中能够厉行节约、避免浪费，从而将节约资源的行为选择转化成为行动主体降低生产成本的一种经济理性选择。

此理论给予我们的直接启发是对于L村所在地的农业生产灌溉用水开征资源税。因该村主要使用地下水灌溉田地，对于地下水资源的消耗较大。应鼓励村民采用节水灌溉方式，而鼓励其采用节水技术的最有效措施就是资源有偿使用，即开征水资源使用税，使得外部成本

内部化。节水灌溉技术早已存在，人们不重视、不使用的原因有三：第一，村民普遍认为水资源是取之不尽、用之不竭的。长期以来，村民认为地下水可以无限制地抽取，虽然地下水位会下降，但雨季也会有雨水补给。在人们看来，地下水是不会枯竭的。第二，水资源的廉价甚至是无偿使用。一直以来，人们灌溉田地的费用只包括抽取地下水的燃油费或者电费，而无需对水资源的使用缴纳额外的资源使用税，这就造成了一种普遍的错误认识，认为水是没有价值的，可以无偿地使用，从而造成了水资源的肆意挥霍和任意浪费现象。第三，用于节水灌溉的技术装置价格昂贵，对于一家一户的农村家庭来说支付这样的生产成本比较来看负担过重，即成本投入与效益产出之间严重失衡。要想改变目前的局面就必须将水资源的利用纳入价格体系之中，变无偿使用为有偿使用。

事实上，当地也正在对水资源的使用进行征税，只不过是以黄河水费的名义而征缴的，黄河水费的征缴并没有对于当地的水资源保护起到作用。认真分析其中的原因，我们不难看出其中存在的问题主要是以下几点：第一，征收的名目本身存在问题。在当地人们的意识中，黄河水只是指灌溉水渠里的水，而不包括地下水。这样，对于借不上黄河水灌溉田地的人们来说，黄河水费的缴纳就会具有不合理性，尤其是在干旱的年份，人们普遍都用不上黄河水，黄河水费的征缴更会激起人们的反对。第二，征收的形式存在问题。黄河水费的征缴并不是按照人们用水的多少来加以权衡和分派，而是采取平均主义的做法，不管用不用河水灌溉，也不管灌溉中用了多少水，只要有耕地就必须缴纳。这种方式并不会对于人们的节水意识产生作用，相反可能带来一定的负面效果。由此可见，当地水资源税的征收将地下用水的使用排除在外，更是漏掉了像 L 村加工业这样的水资源利用大户，因此是极不合理的。合理的资源税征收方式应该是将资源使用的主体全部纳入其中，并根据个体对于资源利用的多少来制定征收标准，而不能采取一刀切的做法。这样，通过水资源的有偿使用，定能促使村民有意识地节约用水，提高水资源的利用效率。从而可以间接地减少废水的排放，降低污染的产生。

4.3.1.3 污染消减补贴

污染消减补贴的原理与环境税是一样的，由于环境资源的公共物品性质，使得污染环境的行为具有负外部效应，而保护环境的行为则具有正外部效应。因此，具有理性的经济人都不愿意从事保护环境的行为，因为他没有办法排除别人对他的环保行为所产生收益的分享，也就是说做出环境保护的行为选择后，行为主体的私人收益往往会低于社会收益。那么，为了激励人们做出保护环境的行为选择，政府可以借助于补贴的手段，对参与环境保护的生产者给予适当的补贴，“使得他们的私人收益和社会收益一致，这样就可以把市场机制无能为力的环境保护活动诱发出来。补贴的对象主要是具有正外部效应的行为，但也包括一些旨在消除或减少负外部效应的行为，补贴的形式有价格（或实物）补贴、赠款、软贷款、税收减免等形式”。[①]

在L村所在的地区，地方政府可以以污染消减补贴的方式对使用有机肥料或农家肥的村民予以补贴；病虫害防治方面则鼓励使用高效、低毒、低残留农药，因这类农药的价格比较昂贵，政府可以以发放补贴的形式鼓励农民使用，从而使农民放弃对环境污染较重的高毒或剧毒农药的使用。同时，国家可以对研发生物防治技术的科研机构或者单位进行补贴，或以发放补贴的方式鼓励村民将科学的生物防治技术运用到农业生产和农田管理过程中。

---

① 徐晓雯：《农业环境污染问题的经济学分析——兼论农业绿色补贴效应》，《山东财政学院学报》2007年第4期。

此外，还要考虑当地农村的实际情况，一家一户小面积经营土地对于诸如节水灌溉设备这样的基础设施的供给方面会有极为不利的影响，在集体行动中难免会出现搭便车的困境。要想解决这一困境就必须利用内外合力来约束搭便车风险的生成。就外部力量来讲，政府可以采取补贴的方式，按照一定比例出资来鼓励节水灌溉设备的购置与安装，出资金额应以剩余部分农民有能力承担为宜。除政府负担的部分外，其余部分按照地亩数分摊到每个家庭，做到公平合理。此后，节水设施的运行与管理费用则由农户来承担。这样，政府出资帮助建设节水设施对于想要搭便车的村民是一种拉力（政府投资兴建的节水设施不用白不用，不用吃亏），村落内部形成的伦理与秩序对于这类村民来说又产生一种推力（不想做少数拖后腿的人，招人埋怨、非议），从而使合作兴建节水灌溉设施的设想可以达成。

4.3.2　社会学视角之下的环境治理

本部分主要从打破二元结构、实现生存方式转型和重建乡村社会秩序三个方面来展开探讨。指出环境污染的治理是一个系统工程，需要治理主体多角度、全方位的配合。

4.3.2.1　打破城乡二元结构

二元社会结构是“指在整个社会结构体系里，明显地同时并存着比较现代化的和相对非现代化的两种社会形态”。[①] 我国现在的社会结构具有明显的二元社会结构特征，现代化的城市与还比较传统的乡村社会形成鲜明的对比。城乡二元社会结构反映了一种城乡社会的不平等现象，这是由我国长期存在的分割城乡的户籍制度以及不适当的经

---

① 郑杭生主编：《社会学概论新修》，中国人民大学出版社 1994 年版，第 404 页。

济发展战略造成的。[①] 长期以来，国家在经济发展和环境保护政策的投入力度上，存在严重的重工业、轻农业，重城市、轻农村的现象，致使农村经济发展缓慢，农民生活水平一直处于低位运行的状态。农村居民长期以来一直致力于解决自身及家人的温饱问题以及生活水平的改善，无力顾及环境资源的保护工作。因此，可以说，城乡二元结构是造成农村环境污染形势严峻的主要社会结构动因。

环境公共物品的属性决定了环境保护的责任归政府，环境保护投入应由政府来承担。但在传统体制中，城市公共基础设施是由国家来提供的，而农业和农村的同类公共基础设施则主要由农民自己来解决。基于这种供给体制上的差异，多年来城市公共基础设施，包括环境保护设施在国家财政的强大支持力度下有了较大的改善，而农村公共基础设施却处于严重缺乏的局面。[②] 同时，我国城乡地区在获取资源、利益与承担环保责任上存在严重的不对等、不协调。我国政府将污染防治资金几乎全部投到工业和城市环境治理方面，一方面城市环境污染向农村扩散与转嫁，而另一方面农村从政府财政方面却又几乎得不到任何污染治理和环境保护的资金支持，也难以申请到用于专项治理的排污费用。此外，我国乡镇企业发展速度虽然较快，但大部分处于初级阶段，其建设规模小、布局分散、设备简陋、技术落后、各种管理和制度均不健全，致使在建设和生产过程中往往忽视环境规划和治理，其有毒有害物质的排放远远超出国家规定的标准。由于多数乡镇企业固定资产投入所占比例较多、社会负担较重，企业自有流动资金往往不足，且企业面临的市场风险较大，因此很难把钱花到治理

① 洪大用、马芳馨：《二元社会结构的再生产——中国农村面源污染的社会学分析》，《社会学研究》2004 年第 4 期。

② 孙加秀：《二元结构背景下城乡环境保护统筹与协调发展研究》，硕士学位论文，西南财经大学，2009 年，第 65—72 页。

环境污染方面。由此可见，由于制度供给上的问题，农村环保投入不足，环保基础设施和环保队伍自身建设难以跟上当前形势发展的需要，环境监测、监理设备缺乏，环保执法工具和装备落后，缺乏有效的手段来应对日益严峻的环境污染问题。

L 村所在的地区就是上述这类现象的典型代表。该村所在的乡镇政府没有设立专门的环境管理部门，也没有负责环境保护的专职人员。市环保部门对于该村所产生的污染采取不告不理的态度，在了解到该村污染现象严重后，也拿不出合理的措施加以治理。因其属于家庭作坊式的手工业生产，而国家的环境保护法律法规主要针对城市污染和大型工业污染，对于这类一家一户的污染方式，环保部门因其管理成本太高而不得不放弃监管。而对于本地产生的点源污染，有关的环境保护法律法规则更是缺乏相应的规定。在这里人们更是享受不到城市社会才设有的垃圾处理系统。L 村的肠衣加工业因其产生的严重污染多年来一直是周边村民投诉的对象，并引发了多次集体行动。环境保护部门对于该村的污染问题却一直拿不出合适的处理方案，其环境治理行动迟迟没有进展，究其原因也是由这种城乡二元分制的体制造成的。但村民的集体行动并不是没有任何效果，在漫长的环境治理等待中，市环保局终于将本打算用于市属某单位的污水处理设施搬到了 L 村，但落地之后并没有投入运营，原因在于其高昂的运行成本和监管成本没有资金来源。

综上可见，城乡二元结构作为农村环境污染日趋恶化的制度根源，应该予以调整或打破。要想做到这一点，就必须从以下三个方面来加以思考：一是打破现有的不合理的户籍制度壁垒，使得农村劳动力能够获得真正意义上的自由与解放，能够真正地融入城市社会。二是加快农村地区城市化发展的步伐，国家应对农村社会的发展给予适当的政策倾斜，以弥补多年来农民为城市社会发展所做出的巨大牺牲。二是农村社会的发展不能以牺牲环境为代价，应该加大农村环境治理工作的力度，完善环境法律法规以使其适应农村社会的现实条件和资源状况，加大农村地区环境公共设施和环境污染治理资金的投放力度。

4.3.2.2 实现生存方式转型

以工业化为标志，人类社会可以粗略地划分为传统社会和现代社会两个阶段。传统社会中，人们以手工劳动为主，经济发展主要取决于对劳动力资源的占有和配置。到了现代社会，由于动力机械的发明与创造，机器生产取代了人类的体力劳动，经济发展的决定力量在于对自然资源的占有和配置。人类从传统社会走向现代社会的过程是一个不断利用技术来征服自然、改造自然的过程，人的生存方式与环境密切相关。有学者指出，“环境问题的产生根源就在于人类对科学技术的过度滥用或误用而导致的生态危机、人性危机和价值观危机。人类要从根本上解决这种危机与困境，就必须扬弃和超越工业社会的技术化生存方式，并转向以生态整体主义为价值支撑、融会贯通人类原初智慧、体现人类时代精神要求和人类未来发展方向的新型的人与自然和谐共生与协同发展的生态化生存方式”①。日本学者岩佐茂则认为全球性的生态危机“是由‘大量生产—大量消费—大量废弃’的现代生产生活方式直接造成的，而造成、支持以及负担这种生产生活方式的正是发达资本主义社会所全面贯穿的资本逻辑”②。岩佐茂认为，资本主义要从根本上解决环境问题，就必须改变当前“大量生产—大量消费—大量废弃”的生产生活方式，并将生活方式的改变与变革社会

---

① 蒋国保：《从技术化生存到生态化生存——人的生存方式的当代转向》，《南昌大学学报》2012年第5期。

② ［日］岩佐茂：《环境的思想》，韩立新、张桂权等译，中央编译出版社1997年版，第148页。

经济体制统一起来，废除贯穿资本逻辑的社会经济体制，构筑基于生活逻辑的生态社会主义。[①]

由此可见，无论是“技术生存”转向“生态生存”，还是由“资本的逻辑”转向“生活的逻辑”，这里都强调了一个共同的问题，那就是生存方式的转型问题，即如何将“理性经济人”转变为“生态社会人”的问题。这就要求人们在生产与生活过程中进行行为选择时，不能仅是从经济理性的角度选择能够导致效用最大化的行为，而应该从合乎生态理性的行为中选择具有经济理性意义上效用最大化的行为。人类的价值观念直接影响着人们的行为选择，因此要想实现人类从“理性经济人”向“生态社会人”的转变，最根本的还是要重塑人类的生态价值观念。反映在农村社会中，就是将高消耗、高污染的生产、生活方式向低污染、重环保的绿色生产、生活方式的转变。

（1）绿色生产方式

绿色生产也称清洁生产。联合国环境规划署于1989年提出这一概念，其定义为：“清洁生产是一种新的创造性思想，该思想将整体预防的环境战略持续应用在生产、产品设计和服务中，以增加生态效率和减少人类及环境的风险。对生产过程，要求节约原材料和能源，淘汰有毒原材料，减降所有废弃物的数量和毒性；对产品，要求减少从原材料提炼到产品最终处置的全生产周期的不利影响；对服务，要求将环境因素纳入设计和所提供的服务中。”[②] 由此可见，清洁生产这

---

① 所谓“资本的逻辑”，在岩佐茂看来，就是资本主义生产关系中占统治地位的、追求利润最大化的资本的本性，是造成环境破坏的根本原因。而“生活的逻辑”就是与劳动的本性相一致的、在人的生存或更好的生存中重视人对生活的态度和方法的逻辑。转引自庄艳《从“资本的逻辑”到“生活的逻辑”——岩佐茂的环境思想及对马克思生态思想的继承发展》，硕士学位论文，浙江师范大学，2010年。

② 袁晓丽、吴浩、郑良永：《农业清洁生产发展研究》，《中国热带农业》2012年第48期。

一概念当时主要是应用于工业生产领域。随着农业生产过程中高度依赖化肥、农药、地膜等农用化学产品，由农业生产带来的环境污染形势变得日趋严峻，清洁生产开始被用于农业领域。农业清洁生产是指“既可满足农业生产需要，又可合理利用资源并保护环境的实用农业生产技术。其实质是在农业生产全过程中，通过生产和使用对环境友好的‘绿色’农用化学品（化肥、农药、地膜等），改进农业生产技术，减少农业污染的产生，减少农业生产及其产品和服务过程对环境和人类的风险。它并不完全排除农用化学品，而是在使用时考虑这些农用化学品的生态安全性，实现社会、经济、生态效益的持续统一，促进农业的可持续发展”。[①] 农业清洁生产技术包括节水灌溉技术、精准施肥技术、病虫草害防治技术等生产过程的各个环节需要的技术，清洁农业生产是农业可持续发展的理想选择，但因对技术要求较高，成本投入太大，目前在国内还有很大推广难度，需要政府出台相应的政策法规予以支持。

对于L村来说，绿色生产方式应该同时包含农业绿色生产方式和工业绿色生产方式。只有同时从两方面加以考虑，才能遏制住该地污染问题的进一步恶化。

绿色农业生产方式的理念非常明确，那就是试图在农业生产的各个环节节约资源，减少对环境有害的物质的使用，尽力预防和控制农业生产过程中产生的污染物排放，从而达到保护生态环境的目的。要想完全做到这一点确实有很大的难度，还需要有一段很长的路要走，但清洁生产的思想理念却可以快速地传递到农业生产过程中去，鼓励人们科学合理地利用现有的农用化学物资却是可以做到的。绿色生产应从点滴做起，比如可以将目前L村所在地区的农业灌溉方式由大水

① 汪真：《农业清洁生产和可持续农业》，《福建农业》2002年第6期。

漫灌的用水方式改为管灌，由管灌再改为滴灌，这些都是农业生产中的重大进步，都会在一定程度上起到节约资源的作用。同时，充分发挥 L 村传统农业生产中有利于环境保护的因素，比如施用农家自制粪肥、人工除草、病虫害的人工和生物防治等等，在一定程度上减少化肥农药的投入会对环境保护起到一定的作用。L 村所在地区属于农业区，具有发展农副产品得天独厚的条件。村民可以利用当地的资源优势，着力发展生态农业项目，生产绿色有机农产品。当前，绿色有机产品因其无污染、安全性高而越来越赢得消费者的青睐，具有较好的市场前景。因此可以作为当地人转变生存方式的契机，实现既保护环境又可促进经济发展双向目标的理性选择。

而根据绿色工业生产方式的理念，L 村加工业应该从三个环节进行控制：在产品加工过程中，注意节约用水、用盐，从而减少污水污物的排放；对于产品，应及时妥善处理，以减少因产品滞留时间过久或者保管不善引起的发霉变质，从而使用盐酸漂洗带来的水体污染和产品污染；对于服务，应尽可能考虑缩短原材料和成品的运输路径，从而减少由运输带来的碳排放并节约石化资源。

绿色生产更应该从我做起、从身边做起、从现在做起。要想充分调动村民的积极性，就要在村民中普及环境保护相关知识，让人们意识到现有生产方式的巨大危害，同时政府应制定相应的奖惩政策，对于有利于保护环境的行为给予肯定和奖励，对有害于环境保护的行为给予相应的惩罚，以推动绿色生产方式向前发展。

(2) 农民绿色消费方式

绿色生产与绿色消费是一对相辅相成的概念，二者之间相互影响、相互促进。随着人类对于自然资源的疯狂掠夺和随意践踏，人类的生存环境面临巨大的威胁，各种疾病越来越多，人们对绿色的需求变得日益热切和强烈。但绿色需求并不等同于绿色消费，对于绿色的渴望加上环境价值观的约束可能使人们做出律己性的绿色消费行为，但也可能在传统资源价值观的影响下导致消费的外部不经济。因此，应该采取一定的手段，将环境价值内含到市场体系之中，通过价格杠杆来指导和约束人们的行为。现实生活中，绿色消费比绿色生产更具有操作性和可行性。不仅如此，通过人们对于绿色消费行为方式的选择，还可以有力地推动生产者对于绿色生产方式的投入。因为根据供求规律，随着人们对于绿色产品需求量的增加，生产者受到市场的刺激，必然会增加绿色产品的生产与投入，并不断改进现有的生产工艺和技术水平。

绿色消费可以体现在生活的方方面面，比如减少服装的购买量，加大现有服装的利用率属于一种绿色消费行为；尽量节约，不铺张浪费也属于一种绿色消费行为；在住房方面不追求大，而以空间够用即可，装修不求奢华、厉行简约环保；在出行方面，尽量选择可以节约能源的、环保的出行方式，比如尽量选择步行、自行车出行、乘坐公交出行，而尽量少用摩托、私家汽车。这些涉及衣食住行的行为选择，都会为人类的资源及环境保护做出巨大的贡献。而这些对于L村村民来说也并不难做到。通过第2章对于L村村民传统生活方式的描述我们不难发现，这些行为方式恰恰是他们传统时代的真实写照。

生存方式的转型实际上包括三个方面，即生产方式的转型、生活方式的转型和由此引起的人际交往形态的改变。实现生存方式转型的实质是让人们采用更有利于环境保护的生存方式，而并不是要求人们回到过去，回到传统生活中去。就L村村民现在的情况来看，要想实现生存方式的转型依然面临很大困难，在生产力水平尚且不够高的情况下，人们还没有充分享受到现代科技所带来的种种便利，却要他们先为环境保护买单，必然会遭到某种程度的抵制或者说是不配合。尤其是在当前乡村社会面临转型，乡村社会秩序处于失序的状态下，情

况更是如此。因此，生存方式的转变必须充分考虑到当地人的实际，因地制宜地发展绿色生产方式和绿色消费方式才是明智的选择。

4.3.2.3 重构乡村社会秩序

乡村社会秩序受到政治、经济和社会结构多方面的影响，在不同的时期表现出不同的特点。目前正处在转型加速期的中国农村社会，也因不断调整的社会经济形式而呈现出变动不居的状态。有学者认为，当前的农村社会呈现出“差序格局”的理性化、农民的原子化和货币关系泛化，整体处于一种失序状态，[①] 并认为发展民间组织将是重构乡村秩序的希望。

在笔者看来，消除现有的制度阻隔——户籍制度，将村民群体从农村社会解放出来，实现真正意义上的自由流动或许才是理性的选择。村庄秩序的重构需要一个长期的过程，亦如中国社会的结构转型。国家与社会力量之间的此消彼长与互补互适依然是其中永恒不变的节律。

考虑到当前的农村形势和未来发展趋势，可以考虑对村落耕地逐步实现统一生产和管理，成立农村合作社，由合作社来统一管理与经营村落的耕地资源。这样，作为一个经济体，合作社可以集民力和财力于一身，对于政府倡导的节水灌溉设备等这种类型的大型公共基础设施的安装与运行更具现实性和可行性。这里，“合作社”的提法绝非空穴来风，而是有一定现实基础的，与集体经济时代的“合作社”也具有截然不同的历史与现实背景。这里所谈的“合作社”是以社会经济发展到一定水平为前提的，农村居民逐步脱离农业且不再主要依赖农业为其生活来源的基础上的“农村合作社”。在L村所在的地区

---

① 邱梦华：《社会变迁中的农民合作与村庄秩序——以浙东南两个村为例》，硕士学位论文，上海大学，2007年，第50页。

已经有这样的原型出现，整个村落的土地全部以承包的形式交由几个合作者统一经营管理，承包者按照每亩地每年900元的承租费用向村民支付土地承包费。这样的原型之所以会产生，是由当前农村社会保障制度逐步改善、农村剩余劳动力渐次转移为前提的。在本文所谈的案例中，我们可以清楚地看到L村与前后两村也已经具备了这样的前提：这三个村落的年轻劳动力多已经从事非农产业，L村的中青年劳动力主要从事肠衣加工业，也有少数从事肝素钠的提炼或养殖业，甚至有个别的去外地打工或者从事其他经营活动。前后两村的中青年劳动力则基本转移到外地去，只有家中的老年人料理家务和从事农业生产，其农业的年产值很低，纯盈利基本在1000元左右。因此，原型中所提到的每亩每年900元的承包费用具有现实性和合理性。这样的合作形式有利于形成种、养殖业的规模化效应和产业结构的统一调整与合理布局，也有利于资源的节约。

综上所述，社会、经济、制度与环境之间均有密切的关联，任何两者之间关系运行的失调都会带来生态环境的不和谐因素。这些不和谐因素集中体现在生存方式的方方面面，并以破坏环境的生产方式和生活方式表现出来。只有充分认识到现有的生存方式对于环境的不利影响，并试图改变这种不利于节约资源和保护环境的生存方式，乡村环境的有效治理才能获得真正意义上的实现。

第5章　结论与反思

——站在生存者的角度思考

本研究以山东省L村为研究个案，围绕这一个案，对该地20世纪90年代前和90年代以后村民的生存方式对于环境的深刻影响进行了细致的描述、对比与分析，对围绕L村环境污染引发的环境维权与收效甚微的环境治理模式进行了深入的探讨。在经验层面对如下两个问题给予了回答：其一，乡村社会的环境在不同的历史时期呈现出怎样的特点，这些特点与人们的生产、生活方式具有怎样的逻辑性关联；其二，在现有的城乡二元社会结构与乡村社会关系形态下，环境污染的治理面临哪些结构性与制度性困境，熟人伦理与乡村社会秩序又是如何作用并加强了环境污染的形成机制与环境治理的破坏机制的。研究试图通过环境与社会、环境与经济、环境与制度之间的互动逻辑展开问题的分析，从人类的生存方式与环境的关联性视角对上述问题进行探究并得出如下结论：乡村环境问题的形成是由不合理的生存方式造成的，而造成这种不合理生存方式的根源在于不协调、不合理的政治经济体制与二元社会结构形态。市场经济体制的发展，使得生产按照资本的逻辑加速运转，在这种体制中，利润始终是人们不懈追求的目标。处于市场竞争中的经济行动主体有足够的动力将自己的生产成本外部化，且外部化生产成本的代价小于由他的行动选择而产生的环境成本和社会成本。资本的逐利本质使得生产系统的问题域只限于如何最大限度地攫取现有环境资源并从中渔利，而对于环境系统由此会产生怎样的问题和社会为此会付出怎样的代价则不加顾及。在这种情况下，就要求政府在环境保护的责任上应有足够的担当，利用法律和政策手段规制市场行为，堵住成本外部化的输出通道，从而在经济与环境之间建立良性的互动，形成有序的运转。然而，现实中政府却往往担当着推动经济高速发展的角色，致使它有意无意地将一只脚牢牢地踏到了"苦役踏车"的脚踏板上，与市场主体合力构成"苦役踏车"的左右两翼，共同促使其顺利前行。社会在市场与政府的合力下往往显得无能为力，同时，出于对自我利益的追求和对日益增长的消费欲望的满足，而屈从于前行的踏车。处在快速转型期的中国乡村社会，正在被资本运转的逻辑日益解构，由村民群体结构而成的乡村社会单元也因村民的渐进式流出而开始分崩离析，生怕被发展的战车远远抛下的村民大众已经没有能力守望这片已经千疮百孔的土地。由此，环境成了社会经济发展的牺牲品，任何一个行动主体都可以找到无视环境的借口。作为结论部分，本章拟对全文做一回顾性概括与总结，并在此基础上做出反思，以期进一步拓展问题的视域。

5.1　生存机制：成也萧何败也萧何

生存一词是人类社会产生以来一个亘古不变的话题，也是一个常谈常新的话题。"生存伦理""生存策略""生存机制"，这一组与生存有关的术语是学术界用来解释底层社会问题的关键。斯科特在《农民的道义经济学：东南亚的反叛与生存》一书中以"生存伦理"这一视角来透视农民反叛的逻辑。"生存伦理就是根植于农民社会的经济实

践和社会交易之中的道德原则和生存权利。”[①] 斯科特认为，在前资本主义的农业社会里，东南亚地区的农民由于常常面临食物短缺的恐惧和严重的生存危机，在长期的经济实践和社会互动中形成了一套维系生存的伦理体系即生存伦理。这种“安全第一”的原则，体现在前资本主义的农民秩序的许多技术的、社会的和道德的安排中，在村庄内外有效地建构起生存风险的防御机制。家庭层次的自力救济，家庭之外通过亲属、朋友、村庄、有力的保护人等建立起一种保护与被保护的关系力图摆脱困境，村庄内部的互惠主义与风险再分配机制，村庄内部与外部社会精英所提供的道义经济上的帮助等为村民提供了一种社会保险机制。随着资本主义的入侵和殖民地国家权力的渗透，市场化和集权化逐渐破坏了前资本主义农村社会的社会保险方式，违背了生存规则的道义经济，激起了农民的道德义愤，从而引发抗议和反叛。裴宜理将生态学的视角引入农民叛乱或革命的研究中，在其著作《华北的叛乱者与革命者（1845—1945）》一书中，裴氏解释农民叛乱是如何在生态和政治的双重危机下得以发生的，他认为如果仅仅将注意力放在阶级关系上而忽略了生态因素，便无法理解为什么历史上只有一部分农民发动叛乱且多集中在某些特定的地理区域内。在特定的自然环境下，为了生存而采取集体暴力可能是最具适应力的策略，那些资源短缺和供应无法稳定的环境可能孕育着成为一种生活方式的冲突。裴氏将农民的这种生存策略分为两类：一类是掠夺性策略，另一类是防御性策略。[②] 人们会视不同的情景变换使用。

陈占江对两个概念加以比较分析后认为，无论是“生存伦理”还

---

① ［美］詹姆斯·C. 斯科特：《农民的道义经济学：东南亚的反叛与生存》，程立显等译，译林出版社 2001 年版，第 8 页。

② 裴宜理：《华北的叛乱者与革命者（1845—1945）》，池子华等译，商务印书馆 2007 年版，第 71—104 页。

是“生存策略”，都是建立在农民的生存理性这一假设基础之上的农民的“底线抗争”。他认为无论在农耕时代还是在工业化进程中，处在底层社会的农民无不面临着自然环境和社会环境所带来的各种生存挑战和风险，在应对各种挑战和风险的生活实践中农民形成了一套维系“过日子”的伦理、策略和智慧，即农民的生存机制。[①] 与生存伦理和生存策略相比，生存机制似乎具有更高的统括能力。生存伦理指向道德层面，生存策略指向行动层面，而生存机制则试图将二者囊括其中，这样就进一步拓宽了这一语汇的解释范围，使其最终可以越出底线，走出抗争的最基本、最原初形式。笔者非常赞同这一大胆的努力与尝试，同时也有一点自己的不同见解。在笔者看来，随着社会经济的发展，人们处在不同的境遇当中，生活水平的提高和生活环境的改变致使人们的价值观念和对外在事物的感受也随之发生变化，继而人们的生存底线也就会有所不同。在农耕时代“活着”是人们的生存底线，那么到了工业化过程中，“更好地活”依然会成为人们的生存底线，这时的生存底线并不仅仅意味着解决基本的温饱问题，物质生活水平的提高和精神生活质量的改善应为其题中应有之义。甚至于不同地域、不同文化、不同环境、不同国度里的人们都有着不同的生存底线。但这里并不等于说生存机制是没有解释力的，而是说生存机制与生存底线之间并不存在矛盾，而是可以相互融通的。在此，笔者需要借用“生存机制”这一概念来解释我所遇到的这一研究个案。

经访谈发现，L 村的村民在不同阶段对于生活的意义有不同的理解。在传统阶段，人们过着日出而作、日落而息的循规蹈矩的生活，农业生产的目的是为了养家糊口，过惯了脸朝黄土背朝天的农耕生活的人们，全家人聚在一起吃着粗茶淡饭，日子却也还过得有滋有味、

---

① 陈占江：《农民环境抗争的逻辑与困境——以湖南省湘潭市 Z 地区为例》，博士学位论文，中央民族大学，2012 年，第 19 页。

其乐融融。引入了肠衣加工业后，偶尔做做，挣点零花钱，也觉得很惬意。而今科技进步了，经济发展了，生活水平也相应地提高了，人们却反倒不得清闲了，机械化并没有给农民带来更多的闲暇时间，人们渐渐发现日子越过越忙，工作越做越多，然而钱却永远都挣不够。人们心里想的是如何做更多的肠衣，挣更多的钱，结果鸡鸭鱼肉进肚后却不知其味，满目狼藉的黑水却不闻其臭。人们甚至想不起从何时开始，一家人聚少离多，幸福感似乎也减少了。事实是人们也没时间去想这些了。

L村村民对于环境污染并不是先天免疫的，只不过人们选择了用肠衣加工业生产这样的非农生产形式来改善自己的经济收入状况，而这一产业的发展却带来了环境污染这样的副作用。村民在选择肠衣加工业之初并不具备完全的理性，没有预期到他们的这种生产行为对于自身所处环境的负面影响。当污染既成事实，被村民感知到以后，由于经济利益的驱动与刺激，加工户不能自行放弃甚或修正这种对于环境具有破坏力的生产行为，因为无论是放弃还是修正这种经营行为都会对加工户的收益产生负面影响，这是加工户不能、也不愿接受的。对于加工户来说，日子要想正常地过下去，就不能停止肠衣加工业的生产。别人如果出面反对或者干预他们的生产，就是让他们过不下去。因此，当地税务部门或者环保部门前来征收税费时，只要有人发现执法人员的车辆进村，全村人尤其是加工户就会很快得到消息，关门、锁门是他们所采取的有效策略。这种策略会使得执法人员多次前来征收税费而始终找不到被征收人，最终因执法成本过大而不得不放弃。在这种“猫鼠游戏”中，人们很好地利用了乡村社会的熟人特性，熟人社会的关系与伦理使得他们很容易地在短时间内沟通信息，从而形成合力来保护自己。在因污水泄漏致使其对于上下游流域产生严重污染之时，L村加工户也是想尽办法使得自己置身其外，拒不负担因该村污染而造成的损失，最终使地方财政负担了这些损失的赔偿费用，这就相当于将损失再次转嫁到全乡甚至全县农民的头上，这就体现了L村村民的生存机制。当周边村民因污染问题的加剧而不断地展开维权斗争时，地方政府因面临维持地方稳定的压力，从而加强了对于环境污染行为的干预力度，被要求停产治理污染的L村加工户在停产不到一周的时间后终于沉不住气，自发组织起来收缴政府部门所要求的环境治理费用，但人们对于环境治理成本的支付预期是有一定限度的，超越这一限度或者说底线，人们将无法获益，也无法维持其正常的生产经营，此时，人们会选择拒不配合，从而使政府环境治理的初衷难以有效达成。这一过程分别碰触到了周边村民和L村加工户的生存底线以及政府的行政底线，从而使事态发生了一系列的变化。

从L村的案例中我们看到，人们自始至终都在“过日子”，人们在物质条件改善的同时，也迷失了自己内心的精神家园。与一般人所认为的不同，在L村村民这里，对环境状况改善的欲求并没有随着经济水平的提高而增长；恰恰相反，人们的环境容忍底线却是在下降，由于与自身的经济利益相关，与外村人相比村民对于这样的环境污染似乎更具忍受力。即使生活在一个村子里的人们，也会因为自身的处境不同，对于周围环境的感受存在较大的差异，因此才会分化为对环境污染持有接受态度、沉默态度、抱怨态度和反对态度的诸多类型。放大视野来看，L村村民又是一个整体，与前后两村的村民群体相互之间形成对照，其利益诉求和环境污染承受底线亦存在明显的差异。村民们在拦污水坝的开与守之间，展开的较量与角逐，可以视为行动主体间相互探底的一个过程，在此，人们的生存机制呈现出来。再进一步放宽视野，将政府机构收纳进来，就会看到政府对于环境污染问题的处理方略更因情境的不同而不同，敷衍了事、得过且过的办事原则始终是他们在处理环境问题上的理性行动选择，只有在上级政府施

加的压力作用下地方政府才会选择作为，而作为的程度则视形势而定，其中，稳定是它的首要宗旨和行动底线。这里亦展现出受害方与地方政府间的博弈，上访与息访、抗争与处结，依然是双方或多方之间的相互探底过程。在这里笔者用“底线伦理”这一概念来解释乡村环境问题形成与治理过程中的诸多变数。底线是不可逾越的规则或界线，也是变动着的，随着国内国际大环境的变化，中央政府的体制政策会发生变动，其大政方针也会调整，那么地方政府的治理方略也必然会随之出现调整，这是政府部门的行政底线；村民的环境感受与认知则与其自身利益和身体健康的受害程度紧密相关，环境问题的发生与治理过程，其实就是各行动主体相互探底和触底的过程。

村民的生存机制也反映在其农业与非农生产和日常生活方式的选择上。陈占江将生存机制作为一个关键变量来解释不同历史时期农民环境抗争的策略表达及其根源，农民作为环境污染的受害方出现在作者的分析中。笔者则采取了相反的思路，运用同一概念来解释农村地区广泛存在且日益恶化的环境污染问题。在同样的生存机制作用下，不同处境中的农民试图走向问题的两极，一方面作为环境污染的受害方而选择策略性的抗争，另一方面作为环境污染的致害方又选择继续维持“苦役踏车”式的生产。这看似矛盾的现象其实并不矛盾，这只是环境污染问题的一体两面，人们越来越多地同时扮演着双重的角色，既是致害方，又是受害方，这就是生存者的日益致害者化。

5.2 生存环境主义的思考和展望

不可否认，生存环境主义的提出受到了日本环境社会学者的启发与影响，但该理论更是研究者基于对所考察案例深入思考的基础上发展而来的。在田野调查过程中，笔者自始至终都能够真切地感受到当地人所扮演的多重角色之间的冲突，以及人们在扮演这种矛盾角色时所面临的尴尬。作为生活者，村民们都有对于美好环境的向往，都喜欢蓝蓝的天空、清新的空气、清澈的河水，然而作为农业生产者，他们又因使用化肥、农药和农膜而污染着祖祖辈辈赖以生存的土地。这里的村民为了生存而宁可使自己身处污染之中，这一选择的过程定然是充满了无奈的。对于他们来说，良好的环境固然重要，但与生存本身相比，这又算得了什么呢！只要污染的程度还在可承受的范围之内，日子就总还得照常过下去。当加工业污染了河流进而威胁到村民的饮用水和农田灌溉用水时，前后两村的村民会采取集体行动来维护自己的权益，保护自己的生存环境。在这里，前后两村的村民又是作为受害者的角色而出现的。其环境维权行动对于当地环境的治理与改善具有一定的促进作用，村民的维权行为不仅可以督促地方政府行使环境管理职能，对于污染致害者（加工户）也有一定的约束作用，至少可以使他们反思自己的行为。而这种对于行为的反思，不仅仅源于邻村人的反对与抗议，同时也来自于身处污染环境之中的村民对于其加工业未来前景的悲观看法。

在访谈过程中，我们不止一次听到村民和加工户对于加工业前景的类似看法。从他们的表述中，我们可以得知对于该产业由于污染而

导致的不可持续，村民有着较为真切的认识。由此可见，即便不是出于环境的考虑，村民依然有意愿、也有动力来促进污水问题的解决，或者更确切地说是解决他们的长期排水问题。因此，从这一方面来说，环境问题的解决一定程度上依然是为了村民的生存问题。站在生存者的角度，我们不难理解同时具有生产者和生活者身份的村民对于身处的环境所具有的更为复杂的认知与情感。生存是村民的生存，环境亦是村民的环境。由此，在环境治理的实践过程中，政府部门虽然应该对环境治理负主要责任，但即便如此，也不能脱离村民的基本生存这一事实，更离不开村民主体的参与和介入。因此，这里的生存环境主义是基于保障人们的基本生存这一必要前提下的环境保护主张。

以往的研究中环境污染的致害者与受害者往往是分离的，与以往的多数研究不同，在本研究中环境污染的致害者与受害者却出现了高度重叠的情况。生活者为了自身的生存而宁愿忍受自己的生产活动带来的污染之害，而在日常生活中，这些生产者也因其生活活动本身而继续污染着环境。身处污染之中，也无法逃避自身所导致的污染之害，这就是当地的生存者所面临的困境。这一特点决定了他们并不反对清洁生产，亦不反对绿色消费，同时也不拒斥环境治理，但这一切都必须有一个前提条件，那就是他们必须生存下去，以他们所认为的合理的方式。

访谈中笔者在当地注意到一个特别的案例。一天，笔者回老家看望亲戚，看到一家门口有一大堆的细沙土，这种景象在我的记忆中是再熟悉、再亲切不过的了，如果在以前我很能够明白这堆沙土的意义。那意味着这户人家新近刚刚增添了一个小生命，沙土是用来给婴儿睡的。这种沙土是古黄河的泥沙经过淤积沉淀而成，具有很强的吸水性，其好处是潮湿后也不粘身，给孩子使用的意义就如同现在年轻的妈妈们给宝宝们用的“尿不湿”，当地人称“睡土裤”。用布给孩子做一个睡袋，将过筛的细沙土放入一个铁制容器里，用火烧，直至沙土沸腾，然后等待热沙土降温，直至与人的体温相当，将土倒入睡袋，就可以把孩子放进去了，孩子在“沙土裤”里很舒服，尿湿后孩子会哭闹，家人只要伸进手去帮他（她）把尿湿的土推到一旁，再将干的推到宝宝屁股下就好，一袋土可以支撑宝宝的数次尿，一天更换三四次即可。只要妈妈们不是太忙，能够及时更换沙土，宝宝就不会出现红屁股的现象，即使偶尔因为没有照顾好宝宝而致使宝宝红屁股，只要用烧热的沙土在宝宝的红屁股上溜几次就好了。这是一种既环保又经济的方法，在20世纪90年代以前当地人普遍使用，而如今已是很鲜见了。好奇之心促使我进去探访，果然如我所想，这家有个5个多月的宝宝，说起睡沙土妈妈似乎有点不好意思，向我解释其实她也给宝宝用过一段时间的“尿不湿”，可是宝宝的屁股经常被淹得红红的，索性又让家人拉来沙土，给宝宝睡土。妈妈说自从宝宝“睡土”之后，小屁股就再也没有红过，也表示目前这种方法在村子里已经很少被采用。

这个案例发人深省，现代商品已经充斥着乡村市场，村民的消费行为已经与城市人无太大差异，所不同的也许只是商品的品质，因为农村人的经济水平还不足以消费价格昂贵的高品质商品。低廉的商品对于环境更具破坏性，而对于人的身体则更是如此。年轻的妈妈运用地方生活的智慧解决了孩子的苦恼，我们看到在这里有了一次传统与现代的交锋，传统亦有其存在的合理性（沙土的烧沸过程算是一个杀菌消毒过程，而沙土不仅具有很强的吸湿性，也有很好的透气性），而低品质的现代商品却会给人体的健康和周围的环境带来诸多的问题。

而在L村，两个养殖户的养殖业所产生的动物粪便和饲料残余被当地人用于农业生产，从而既有效地解决了该村养殖业的污染问题，

又降低了周边农业生产过程中化肥的投放量，这亦是当地人生活中的智慧使然。如何充分利用当地人传统生存方式中的这些点滴智慧，对于当地环境生态系统的改善具有举足轻重的作用。

对于环境污染的治理，有观点认为应该依靠市场调节，通过公共资源的有偿使用和污染权交易来达到抑制污染排放的目的，然而市场的力量是有限的，因为在环境公共物品的使用中会出现“市场失灵”的现象；另有观点认为政府应该担当起治理污染的重任，制定完善的环境保护法律法规，监督并管理生产者的排污行为，然而政府的力量亦是有限的，在政策执行的过程中也会出现“政府失灵”现象。市场与政府二者可以形成合力来解决彼此单独行动无法解决的问题，然而，仅有二者的合力也依然不够，还需要社会大众的介入。环境是大众的环境，问题也依然是大众的问题，没有社会大众的参与，任何办法都会因缺乏执行的基础而流于形式。“苦役踏车”运转的速度再快，如果没有大众的迎合，也无法维持运转。因此，在环境治理的过程中，我们必须站在生存者的立场来重新审视问题，将生存者的经济利益与自身的环境利益结合起来，通过尊重、挖掘并激发当地人的生存智慧，发挥自我管理的优势，以求取环境保护与自我发展二者之间的平衡，这也许会是环境问题的一个不错的解决思路。在这里笔者将其称为生存环境主义。

生存者同时作为生产者和生活者的角色而存在这一特殊现象，在我国广大农村地区具有普遍性，小面积零散经营耕地的方式，限制了农业的进一步发展，并在一定程度上限制了农村人口的流动。对于L村这一案例，其特殊性还在于本村家庭作坊式的肠衣加工业对于当地环境污染的加强作用。这样，农业生产、加工业生产和农民生活三者的混合使得其作为生存者的致害者化现象日益凸显出来，在地方治理实践中，如果当地人成了环境治理的旁观者和局外人，其主观能动性定然无法发挥，地方政府也会因管理成本太高而使治理流于形式。而任何不考虑当地人实际情况的环境治理方式也定然会因人们的反对而招致失败。因此，如何将生存者的经济利益与环境利益有效结合起来，以充分调动生存者自我管理的积极性，才是环境治理的题中应有之义，且随着人们生活水平的不断提高和环境意识的逐步增强，生存环境主义理论定能绽放出极强的生命力。

综上所述，本章对生存方式之于环境污染及环境治理问题的深刻影响做出了简要的总结，在此基础上探讨了“生存伦理”“生存策略”与“生存机制”这一组概念的特点及适用范围。提出自己的主张，用“底线伦理”这一概念来解释环境污染形成、治理等各个环节中人们的行动策略与行动逻辑，指出无论是作为受害者而发起的环境抗争，还是作为致害者而对于“苦役踏车”式生产的默认，抑或是作为治理者的地方政府对于环境污染问题的处理态度和治理方略，都体现在人们的生存机制之中，受制于各自的行事原则和所把持的心理底线。文章最后借用一个案例来进一步探讨并反思生存环境主义这一理论的意义与价值，以期进一步拓展自己对于环境问题的认知与理解。

附　　录

附录 1　DZ 市环境保护局环境信访案件交办单

编　号	D 环电字〔2010〕第 121 号		
收到日期	2010 年 9 月 6 日	联系人	
办理期限	2010 年 9 月 17 日	联系电话	×××××××
环境信访案件主要内容	LL 市 HJ 乡村民向本厅来电反映，LL 市 XD 乡 L 村生产加工肠衣，盐和火碱废水流入 ZKL 干沟，沟两侧村庄和地下水井受到污染。		
科室批办意见	请尹局长阅示 ×××		
领导批示	请 LL 市环保局查处 尹××		
环境信访案件交办要求	现将来电转你单位，请认真调查处理，按办理时限要求将处理情况的书面材料（邮寄方式）和电子版（邮箱：××××××yqzh@163.com）反馈到市局法规信访科。并答复信访人×××、×××，电话 135××××××××，请勿将来信及有关情况透漏或转给被检举、揭发、控告单位。 2010 年 9 月 6 日		
备　注			

附录2　关于D环信字〔2010〕第121号信访案件处理结果报告

DZ市环保局信访科：

我局接到转办信访案件后，环境监察大队和信访科组成联合执法组进行调查，现将调查结果汇报如下：

举报的肠衣厂位于LL市HJ乡L村。环境监察大队执法人员和信访科对该厂进行现场勘察。肠衣厂在生产过程中对周围环境造成影响。该案件已移交LL市政府处理。

LL市环境保护局

2010年9月14日

附录3 DZ市环境保护局环境信访案件交办单

<table>
<tr><td>编　号</td><td colspan="3">D环电字〔2009〕第224号</td></tr>
<tr><td>收到日期</td><td>2009年11月25日</td><td>联系人</td><td></td></tr>
<tr><td>办理期限</td><td>2009年12月8日</td><td>联系电话</td><td></td></tr>
<tr><td>环境信访案件主要内容</td><td colspan="3">LL市群众来电反映，LL市XD乡后村相邻的L村，几乎每户加工肠衣，产生的废水未经处理，直接排入农灌沟，污染麦田和地下水，将查处结果答复信访人张××，电话130××××××××。</td></tr>
<tr><td>科室批办意见</td><td colspan="3">请尹局长阅示</td></tr>
<tr><td>领导批示</td><td colspan="3">请LL市环保局查处
尹××</td></tr>
<tr><td>环境信访案件交办要求</td><td colspan="3">现将来电转你单位，请认真调查处理，按办理时限要求将处理情况的书面材料（邮寄方式）和电子版（邮箱：×××××yqzh@163.com）反馈到市局法规信访科。并答复信访人Z先生，电话130××××××××，请勿将来信及有关情况透漏或转给被检举、揭发、控告单位。
2009年11月25日</td></tr>
</table>

附录4　山东省环境保护厅电话记录

来电人姓名	Z先生	130×××××××××	来电时间	2009年12月1日
来电人单位及住址	DZ市LL市XD乡后村			
被投诉单位名称	肠衣加工厂			
被投诉单位地址	LL市XD乡L村			
被投诉单位法人代表				
反映的主要问题	L村家家户户干肠衣加工厂10几年，含酸含盐废水排到河里，建起水坝拦蓄，导致下游后村被水污染，浇麦子后麦苗变黑，现在大坝已经渗水。			
办理意见	请转DZ市局调查处理，并答复信访人			
办理结果				
备　注	1. 请为信访人保密，以防打击报复； 2. 办理结果报省厅，同时发信访办，电子邮箱：xinfangban@sdein.gov.cn； 3. 办理报告请说明省厅信访件编号。			

附录5 山东省环境保护厅信访办公室群众来电批转单

DZ市环保局：

兹转去群众来电1件（鲁环电［2009120625］），请调查处理，将处理结果回复群众（Z先生联系电话：130××××××××），并上报省厅信访办（同时报电子档；xinfangban@sdein. gov. cn）。

请勿将来电及有关情况透露或转送被检举、揭发、控告单位。

联系人：YJF

联系电话：0531—××××××××

二○○九年十二月二日

附录6　关于D环信字〔2009〕224号信访案件处理情况报告

DZ市环保局信访科：

我局接到转办信访案件后，环境监察大队与信访科组成联合执法组进行调查，现将调查结果汇报如下：

举报的肠衣加工行业位于LL市XD乡L村。我局环境执法人员对L村进行现场勘验，经查发现：L村正在生产的肠衣加工厂共36家，其生产工艺是以动物小肠为原料加入工业用盐等辅助材料进行加工，所产生的污水未经处理直接排入村东沟渠，对周围环境造成影响。我局对其下达了停产通知，限期整改和行政处罚事先告知书，责令各业户停止一切生产活动，限期治理村东沟渠。

LL市环境保护局

2009年12月08日

附录 7　DZ 市环境保护局环境信访案件交办单

编　号	D 环电字〔2009〕第 234 号		
收到日期	2009 年 12 月 10 日	联系人	
办理期限	2009 年 12 月 31 日	联系电话	××××××
环境信访案件主要内容	LL 市群众来电反映，LL 市 XD 乡后村相邻的 L 村，几乎每户加工肠衣，产生的废水未经处理，直接排入农灌沟，污染麦田和地下水，将查处结果答复信访人张××，电话 130××××××××。		
科室批办意见	请尹局长阅示 WCL		
领导批示	请 LL 市环保局调查处理，尽快解决此问题 尹××		
环境信访案件交办要求	现将来电转你单位，请认真调查处理，按办理时限要求将处理情况的书面材料（邮寄方式）和电子版（邮箱：××××××yqzh@163.com）反馈到市局法规信访科。并答复信访人 Z××，电话 130××××××××，请勿将来信及有关情况透漏或转给被检举、揭发、控告单位。 2009 年 12 月 10 日		

附录8　关于D环信字〔2009〕234号信访案件处理情况报告

DZ市环保局信访科：

我局接到转办信访案件后，环境监察大队与信访科组成联合执法组进行调查，现将调查结果汇报如下：

举报的肠衣加工行业位于LL市XD乡L村。我局环境执法人员对L村进行现场勘验，经查发现：L村正在生产的肠衣加工厂共36家，其生产工艺是以动物小肠为原料加入工业用盐等辅助材料进行加工，所产生的污水未经处理直接排入村东沟渠，对周围环境造成影响。我局对其下达了停产通知，限期整改和行政处罚事先告知书，责令各业户停止一切生产活动，限期治理村东沟渠。

LL市环境保护局

2009年12月22日

参考文献

学术专著：

［1］［美］艾尔·巴比：《社会研究方法》，邱泽奇译，清华大学出版社 2007 年版。

［2］［美］奥尔森：《集体行动的逻辑》，陈郁等译，上海人民出版社 1995 年版。

［3］［美］埃莉诺·奥斯特罗姆：《公共事物的治理之道》，余逊达、陈旭东译，上海三联书店 2000 年版。

［4］邓正来：《国家与社会：中国市民社会研究》，北京大学出版社 2008 年版。

［5］［美］杜赞奇：《文化、权力与国家》，王福明译，江苏人民出版社 1995 年版。

［6］［日］饭岛伸子：《环境社会学》，包智明译，社会科学文献出版社 1999 年版。

［7］费孝通：《乡土中国　生育制度》，北京大学出版社 2005 年版。

［8］费孝通：《江村经济》，上海世纪出版集团上海人民出版社 2007 年版。

［9］费孝通：《费孝通集》，中国社会科学出版社 2005 年版。

［10］风笑天：《社会学研究方法》（第三版），中国人民大学出版社 2009 年版。

[11] 黄宗智主编：《中国乡村研究》第 6 辑，福建教育出版社 2008 年版。

[12] [美] 蕾切尔·卡逊：《寂静的春天》，吕瑞兰、李长生译，吉林人民出版社 1997 年版。

[13] 梁漱溟：《中国文化要义》，上海人民出版社 2005 年版。

[14] 卢现祥：《西方新制度经济学》，中国发展出版社 1996 年版。

[15] 林耀华：《金翼》，三联书店 1999 年版。

[16] [美] 麦克·布洛维：《公共社会学》，沈原译，社会科学文献出版社 2007 年版。

[17] [美] 诺曼·K. 邓津、伊冯娜·S. 林肯主编：《定性研究：策略与艺术》，风笑天等译，重庆大学出版社 2007 年版。

[18] [日] 鸟越皓之：《环境社会学——站在生活者的角度思考》，宋金文译，中国环境科学出版社 2009 年版。

[19] 裴宜理：《华北的叛乱者与革命者（1845—1945）》，池子华等译，商务印书馆 2007 年版。

[20] 荣敬本：《从压力型体制向民主合作制的转变：县乡两级政治体制改革》，中央编译出版社 1998 年版。

[21] [美] 萨缪尔森、诺德豪斯：《经济学》，萧琛主译，人民邮电出版社 2008 年版。

[22] 王敬国：《农用化学物质的利用与污染控制》，科学出版社 2001 年版。

[23] 王伟光、李廖杏、王建武等：《社会生活方式论》，江苏人民出版社 1988 年版。

[24] 吴毅：《小镇喧嚣》，三联书店 2007 年版。

[25] 吴毅：《村治变迁中的权威与秩序——20 世纪川东双村的表达》，中国社会科学出版社 2002 年版。

［26］徐正明：《生活方式纵横谈》，四川大学出版社 1985 年版。

［27］［加］约翰·汉尼根：《环境社会学》，洪大用等译，中国人民大学出版社 2009 年版。

［28］于建嵘：《岳村政治》，商务印书馆 2001 年版。

［29］应星：《“气”与抗争政治：当代中国乡村社会稳定问题研究》，社会科学文献出版社 2011 年版。

［30］应星：《大河移民上访的故事：从“讨个说法”到“摆平理顺”》，三联书店 2001 年版。

［31］［日］岩佐茂：《环境的思想》，韩立新，张桂权等译，中央编译出版社 1997 年版。

［32］郑杭生主编：《社会学概论新修》，中国人民大学出版社 1994 年版。

［33］张静：《国家与社会》，浙江人民出版社 1998 年版。

［34］张静：《基层政权：乡村制度诸问题》，浙江人民出版社 2000 年版。

［35］［美］詹姆斯·C. 斯科特：《国家的视角——那些试图改善人类状况的项目是如何失败的》，王晓毅译，社会科学文献出版社 2004 年版。

［36］［美］詹姆斯·C. 斯科特：《农民的道义经济学：东南亚的反叛与生存》，程立显等译，译林出版社 2001 年版。

［37］朱晓阳：《地志与家园：小村故事（2003—2009）》，北京大学出版社 2011 年版。

［38］Michael Burawoy，*The Extended Case Method*，*Ethnography Unbound*，Berkeley：University of California Press，1991.

［39］Shue，Vivienne，*The Reach of the State*：*Sketches of the Chinese Body Politics*，Stanford University Press，1998.

期刊论文：

[40] 包智明：《环境问题研究的社会学理论——日本学者的研究》，《学海》2010 年第 2 期。

[41] 包智明、陈占江：《中国经验的环境之维：向度及其限度——对中国环境社会学研究的回顾与反思》，《社会学研究》2011 年第 6 期。

[42] 陈阿江：《水域污染的社会学解释——东村个案研究》，《南京师大学报》2000 年第 1 期。

[43] 陈阿江：《水污染事件中的利益相关者分析》，《浙江学刊》2008 年第 4 期。

[44] 陈阿江：《从外源污染到内生污染——太湖流域水环境恶化的社会文化逻辑》，《学海》2007 年第 1 期。

[45] 陈阿江：《文本规范与实践规范的分离——太湖流域工业污染的一个解释框架》，《学海》2008 年第 4 期。

[46] 段满江：《全球化视野中人的生存方式探析》，《榆林学院学报》2008 年第 5 期。

[47] 党荣：《农民生产方式对环境的污染及治理对策》，《经济研究导刊》2011 年第 33 期。

[48] 邓正来、景跃进：《建构中国的市民社会》，《中国社会科学季刊》1992 年第 1 期。

[49] 冯仕政：《沉默的大多数：差序格局与环境抗争》，《中国人民大学学报》2007 年第 1 期。

[50] 高崇、王德海：《新时期农村社区的非正式群体探讨——基于国家与社会的关系视角》，《安徽农业科学》2010 年第 22 期。

[51] 高锐：《从人的生存方式看人与自然的关系》，《延安大学学报》2010 年第 2 期。

[52] 郭正林：《当代中国农村政治研究的理论视界》，《中共福建

省委党校学报》2003 年第 7 期。

［53］洪大用：《我国城乡二元控制体系与环境问题》，《中国人民大学学报》2000 年第 1 期。

［54］洪大用、马芳馨：《二元社会结构的再生产——中国农村面源污染的社会学分析》，《社会学研究》2004 年第 4 期。

［55］黄国勤、王兴祥等：《施用化肥对农业生态环境的负面影响及对策》，《生态环境》2004 年第 4 期。

［56］扈红英、白炳琴：《科技发展和人类的生存方式》，《河北科技大学学报》2003 年第 2 期。

［57］黄家亮：《通过集团诉讼的环境维权：多重困境与行动逻辑》，黄宗智主编《中国乡村研究》第 6 辑，福建教育出版社 2008 年版。

［58］贺雪峰：《论村级权力的利益网络》，《社会科学辑刊》2001 年第 4 期。

［59］贺雪峰：《农村税费改革的政治逻辑与治理逻辑》，《中国农业大学学报》2008 年第 1 期。

［60］贺雪峰：《取消农业税对国家与农民关系的影响》，《甘肃社会科学》2007 年第 2 期。

［61］贺雪峰：《中国传统社会的内生村庄秩序》，《文史哲》2006 年第 4 期。

［62］贺雪峰、王习明：《论消极行政——兼论减轻农民负担的治本之策》，《浙江学刊》2002 年第 6 期。

［63］赫晓霞、栾胜基、艾东：《传统生存方式变迁对农村环境的影响》，《生态环境》2006 年第 6 期。

［64］黄晓云：《从国家与社会关系的嬗变看我国生态文明建设》，《理论学刊》2012 年第 12 期。

［65］何艳玲：《西方话语与本土关怀——基层社会变迁过程中“国家与社会”研究综述》，《江西行政学院学报》2004 年第 1 期。

［66］韩宗生：《农民环境抗争事件中地方政府消解策略分析》，《新疆社科论坛》2012 年第 4 期。

［67］蒋国保：《从技术化生存到生态化生存——人的生存方式的当代转向》，《南昌大学学报》2012 年第 3 期。

［68］贾凤姿、杨驭越：《中国农村环境问题的成因透析》，《辽宁大学学报》2010 年第 3 期。

［69］景军：《认知与自觉：一个西北乡村的环境抗争》，《中国农业大学学报》2009 年第 4 期。

［70］江莹：《环境社会学研究范式评析》，《郑州大学学报》2005 年第 9 期。

［71］李宾、张象枢：《基于城乡二元结构的农村环境问题成因研究》，《生态环境》2012 年第 4 期。

［72］李晨璐、赵旭东：《群体性事件中的原始抵抗——以浙东海村环境抗争事件为例》，《社会》2012 年第 5 期。

［73］李昌平：《乡镇体制改革：官本位体制向民本位体制转变》，《学习月刊》2004 年第 2 期。

［74］林德宏：《自然·生存方式·人的本性》，《南京工业大学学报》2002 年第 1 期。

［75］澜清：《深描与人类学田野调查》，《苏州大学学报》2005 年第 1 期。

［76］刘新：《中国城乡二元经济社会结构形成原因探析》，《农业经济》2009 年第 5 期。

［77］刘小峰：《从“有形村落”到“无形中国”社区研究方法中国化的可能路径》，《中国社会科学报》2012 年 2 月 13 日第 B03 版。

[78] 乐小芳：《我国农村生活方式对农村环境的影响分析》，《农业环境与发展》2004 年第 4 期。

[79] 乐小芳：《我国农村生产方式的特征及其对农村环境影响的分析》，《内蒙古环境科学》2009 年第 1 期。

[80] 林学俊：《从生存方式看环境友好型社会的构建》，《探求》2010 年第 1 期。

[81] 卢怡，张无敌：《农药与环境的可持续发展》，《农业与技术》2003 年第 1 期。

[82] 李永杰：《文化的哲学层面——生存方式论析》，《兰州学刊》2010 年第 10 期。

[83] 罗亚娟：《乡村工业污染中的环境抗争——东井村个案研究》，《学海》2010 年第 2 期。

[84] 李荫榕、马晓辉：《论生产方式及其在信息时代的变革》，《理论月刊》2004 年第 2 期。

[85] 李芝兰、吴理财：《“倒逼”还是“反倒逼”：农村税费改革前后中央与地方之间的互动》，《社会学研究》2005 年第 4 期。

[86] 李争争：《外部成本内部化，让市场主体对环境消费做出新选择》，《改革与战略》1997 年第 5 期。

[87] [日] 鸟越皓之：《日本的环境社会学与生活环境主义》，闰美芳译，《学海》2011 年第 3 期。

[88] 欧阳静：《乡镇权力运作的逻辑》，吴毅编《乡村中国评论》，山东人民出版社 2008 年版。

[89] 彭华民：《炫耀消费探析》，《南开经济研究》1999 年第 1 期。

[90] 清华大学社会学系社会发展研究课题组：《“中等收入陷阱”还是“转型陷阱”?》，《开放时代》2012 年第 3 期。

[91] 曲燕：《熵定律下新型生存方式的哲学思考》，《中国石油大学学报》2009 年第 2 期。

[92] 漆志平、李洪君：《生产方式的含义、内容和内在矛盾——基于马克思主义的分析》，《东莞理工学院学报》第 16 卷第 2 期，2009 年 4 月。

[93] 任丙强：《农村环境抗争事件与地方政府治理危机》，《国家行政学院学报》2011 年第 5 期。

[94] 饶静、叶敬忠：《税费改革背景下乡镇政权的“政权依附者”角色和行为分析》，《中国农村观察》2007 年第 4 期。

[95] 饶静、叶敬忠：《我国乡镇政权角色和行为的社会学研究综述》，《社会》2007 年第 3 期。

[96] 孙丹：《建设资源节约型环境友好型社会的实践与思考》，《经济日报》2007 年 10 月 11 日。

[97] 孙立平、郭于华：《“软硬兼施”：正式权力非正式运作的过程分析》，清华大学社会学系主编《清华社会学评论》（特辑），鹭江出版社 2000 年版。

[98] 孙立平：《“过程—事件分析”与当代中国国家与农民关系的实践形态》，《清华社会学评论》2000 年第 1 期。

[99] 田翠琴、赵志林、赵乃诗：《农民生活型环境行为对农村环境的影响》，《生态经济》2011 年第 2 期。

[100] 唐兵：《公共资源的特性与治理模式分析》，《重庆邮电大学学报》2009 年第 1 期。

[101] 唐利平：《国家与社会：当代中国研究的主流分析框架》，《广西社会科学》2005 年第 2 期。

[102] 谭千保、钟毅平：《农民的非理性环境行为及其归因》，《佛山科学技术学院学报》2006 年第 5 期。

[103] 田先红：《国家与社会关系框架下的乡镇政权研究：回顾与前瞻——一项对1990年以来相关文本的检视》，《周口师范学院学报》2010年第1期。

[104] 童志峰、黄家亮：《通过法律的环境治理："双重困境"与"双管齐下"》，《湖南社会科学》2008年第3期。

[105] 童志峰：《动员结构与农村集体行动的生成》，《理论月刊》2012年第5期。

[106] 王惠娜：《区域环境治理中的新政策工具》，《学术研究》2012年第1期。

[107] 王慧敏、李保东：《农民冲破城乡二元化格局的探讨》，《科学对社会的影响》2004年第2期。

[108] 王建平：《从当代中国研究反观国家与社会的关系》，《学术交流》2003年第5期。

[109] 王能东：《一种新的生存方式》，《武汉理工大学学报》2009年第22期。

[110] 王能东：《技术生存自反性与生存方式变革》，《华中科技大学学报》2009年第6期。

[111] 王晓毅：《沦为附庸的乡村与环境恶化》，《学海》2010年第2期。

[112] 王雅林：《社会发展理论的重要研究范式——基于马克思社会理论的"生活/生产互构论"》，《社会科学研究》2007年第1期。

[113] 汪真：《农业清洁生产和可持续农业》，《福建农业》2002年第6期。

[114] 项继权：《中国乡村治理的层次及其变迁：兼论当前乡村体制的改革》，《开放时代》2008年第3期。

[115] 夏维中：《市民社会：中国社会近期难圆的梦》，《中国社

会科学季刊》1993 年第 5 期。

[116] 徐晓雯:《农业环境污染问题的经济学分析——兼论农业绿色补贴效应》,《山东财政学院学报》2007 年第 4 期。

[117] 萧正洪:《传统农民与环境理性——以黄土高原地区传统农民与环境之间的关系为例》,《陕西师范大学学报》2000 年第 4 期。

[118] 徐勇:《县政、乡派、村治:乡村治理的结构性转换》,《江苏社会科学》2002 年第 2 期。

[119] 徐寅、耿言虎:《城郊村落水环境恶化的社会学阐释——下石村个案研究》,《河海大学学报》2010 年第 2 期。

[120] 杨善华、苏红:《从“代理型政权经营者”到“谋利型政权经营者”》,《社会学研究》2002 年第 1 期。

[121] 叶文虎、邓文碧:《可持续发展的根本是塑建新的生存方式》,《中国人口资源与环境》2001 年第 4 期。

[122] 应星:《草根动员与农民群体利益的表达机制——四个个案的比较研究》,《社会学研究》2007 年第 2 期。

[123] 袁晓丽、吴浩、郑良永:《农业清洁生产发展研究》,《中国热带农业》2012 年第 48 期。

[124] 游祥斌、阎树全:《“电子化政府”的误区与服务型政府的创建》,《行政论坛》2003 年第 3 期。

[125] 周飞舟:《从汲取型政权到“悬浮型”政权》,《社会学研究》2006 年第 3 期。

[126] 周丽晖、严盖:《环境治理的经济学分析》,《生态经济》2007 年第 12 期。

[127] 周晶:《当代中国环境问题根源初探》,《丹东师专学报》2001 年第 3 期。

[128] 张金俊:《国内农民环境维权研究:回顾与前瞻》,《天津

行政学院学报》2012 年第 3 期。

[129] 赵家祥：《生产方式概念含义的演变》，《北京大学学报》2007 年第 5 期。

[130] 朱莉：《论人类生存方式的历史演变及其特征》，《淮阴师范学院学报》2011 年第 2 期。

[131] 郑利：《环境与发展之关系研究》，《环境保护科学》2003 年第 118 期。

[132] 郑克岭、颜冰、匡瑾璘：《人类生存方式的理论意蕴及阶段性特征分析》，《赤峰学院学报》2010 年第 4 期。

[133] 张汝立：《目标、手段与偏差——农村基层政权组织运行困境的一个分析框架》，《中国农村观察》2001 年第 4 期。

[134] 曾小五：《生存方式与生态环境的危机——兼评关于人类中心主义的争论》，《自然辩证法研究》2003 年第 8 期。

[135] 张玉林：《另一种不平等：环境战争与“灾难”分配》，《绿叶》2009 年第 4 期。

[136] 张玉林：《政经一体化开发机制与中国农村的环境冲突》，《探索与争鸣》2006 年第 5 期。

[137] 张玉林：《中国农村环境恶化与冲突加剧的动力机制》，吴敬琏、江平主编《洪范评论》（第 9 辑），中国政法大学出版社 2007 年版。

[138] 张玉林：《环境抗争的中国经验》，《学海》2010 年第 2 期。

[139] 周志家：《环境保护、群体压力还是利益波及——厦门居民 PX 环境运动参与行为的动机分析》，《社会》2011 年第 1 期。

学位论文：

[140] 陈华东：《农村面源污染的社会成因探讨》，硕士学位论文，河海大学，2006 年。

[141] 陈占江：《农民环境抗争的逻辑与困境——以湖南省湘潭市Z地区为例》，博士学位论文，中央民族大学，2012年。

[142] 顾金土：《乡村工业污染的社会机制研究》，博士学位论文，中国社会科学院研究生院，2006年。

[143] 韩甜：《地方政府在农村环境治理中的责任及实现机制研究》，硕士学位论文，浙江大学，2009年。

[144] 康秀云：《20世纪中国社会生活方式现代化问题研究》，博士学位论文，东北师范大学，2006年。

[145] 雷芸：《环境税正义论》，博士学位论文，西南政法大学，2009年。

[146] 邱梦华：《社会变迁中的农民合作与村庄秩序——以浙东南两个村为例》，博士学位论文，上海大学，2007年。

[147] 孙加秀：《二元结构背景下城乡环境保护统筹与协调发展研究》，硕士学位论文，西南财经大学，2009年。

[148] 童志锋：《农民集体行动的困境与逻辑——以90年代中期以来的环境抗争为例》，博士学位论文，中国人民大学，2008年。

[149] 王国平：《乡镇政权角色变革：从赢得型经纪到服务型政府》，硕士学位论文，吉林大学，2006年。

[150] 朱秀梅：《人类生存方式的马克思主义分析》，硕士学位论文，吉林大学，2007年。

[151] 庄艳：《从"资本的逻辑"到"生活的逻辑"——岩佐茂的环境思想及对马克思生态思想的继承发展》，硕士学位论文，浙江师范大学，2010年。

[152] 刘兵红：《农村环境治理中的乡镇政府行为——基于芜湖A村的调查》，硕士学位论文，南京航空航天大学，2010年。

其他：

［153］山东省 LL 县史志编纂委员会：《LL 县志》，齐鲁书社 1991 年版。

［154］山东省 LL 县史志编纂委员会：《LL 市志》，齐鲁书社 2008 年版。

［155］山东省 LL 市统计年鉴编辑委员会：《LL 统计年鉴》，内部资料。

［156］国家统计局环境保护部编：《中国环境统计年鉴 2010》，中国统计出版社 2011 年版。

［157］中国大百科全书总编辑委员会：《中国大百科全书·社会学卷》，中国大百科全书出版社 2011 年版。

［158］《中华人民共和国环境保护法》。

［159］百度词条。

后　　记

此书几经修改终将定稿。其内容主要源自我的博士毕业论文。在整理书稿的过程中脑海中时常会浮现出几年前准备博士毕业论文的画面。想起那段时光我的心情都很难平静，有太多的心绪涌上心头，有惊喜与感恩，亦有羞愧、惆怅和遗憾。

我很庆幸自己能够成为导师包智明教授的学生，包老师严谨的治学态度、宽厚待人的品格一直感染并激励着我。在此书的撰写过程中，从选题到调查，从立意到框架，从论点到字句，包老师在每个环节都给予了我具体的指导。可以说，如果没有包老师关键时刻的督促与耐心细致的指导，没有包老师对我的鼓励与宽慰，本书的顺利完成是不可能的。

2012 年 4 月 14 日，宝贝女儿澄澄的降生给我带来幸福与惊喜之余，也使我的生活变得异常的忙乱与不知所措。身兼照顾女儿和撰写毕业论文的双重压力使我变得异常的敏感与脆弱。感谢家人对我和宝宝无微不至的悉心照顾，感谢爱人丁海有一直以来给予我的莫大理解与心理支持。感谢双方的父母与兄弟姐妹对于我们伸出的援助之手。我的部分田野调查工作与论文初稿的撰写工作都是在将小女澄澄完全托付给我二姐的情况下完成的。整个过程中的紧张与劳碌并算不了什么，倒是对于家人的无私关爱与帮助的感激之情，以及对于爱女因我的忙碌而过早断奶之事让我心存愧疚与遗憾。这一过程让我真正体味到太多的酸楚与感动。

本书脱稿之时，我也必须提到为这本书的完成做出贡献的其他很多人。感谢赵旭东教授的精彩授课，他的博学、睿智以及对学术怀有的赤子般热情深深感染着我；感谢日本环境社会学家池田教授，池田教授的精彩授课使我能够更多地接触到环境社会学前沿领域的知识；感谢在实地调查中为我提供方便、接受我调查的当地政府官员和广大村民，没有他们的无私奉献就没有这本书真实可靠的第一手资料；感谢王旭辉老师、柴玲师姐、荀丽丽师姐和陈占江师兄对于我论文框架提出的诸多宝贵意见和建议，他们的意见使我的论文增色不少；感谢包门的兄弟姐妹们，对于我的论文的认真阅读与修订；感谢毕业论文答辩委员会各委员对我的论文提出的中肯意见，使得我能够进一步修订完善此书。在这里我更要特别感谢我中学时代的同学刘金会对于我的田野调查的莫大帮助，作为知情人，她给我的田野调查工作提供了诸多的便利与切实帮助。

另外，我也不得不承认，在此书稿付梓之际，我也留下了一些遗憾。前面提到本书的研究始于 2011 年我的博士论文选题，2012 年 10 月实地调查工作即已结束，整个田野调查过程为期一年。由于时间上的局限，田野调查工作显然不够深入，这期间也发现了一些新问题、新现象，但囿于本书的研究框架，这些新现象新问题也很难有所体现。这些遗憾将在以后的研究中逐步予以弥补。

如果可以，我想将此拙作献给我的爱女澄澄，希望她能够天天看到蓝蓝的天空，呼吸新鲜的空气，希望她能够在一个良好的环境中健康快乐地成长。

吴桂英

2016 年 7 月 11 日于保利茉莉公馆